Roy Abi Zeid Daou

Influence des incertitudes sur les systèmes dynamiques fractionnaires

Roy Abi Zeid Daou

Influence des incertitudes sur les systèmes dynamiques fractionnaires

Application aux systèmes de première espèce à base de résistances et de capacités

Presses Académiques Francophones

Mentions légales / Imprint (applicable pour l'Allemagne seulement / only for Germany)
Information bibliographique publiée par la Deutsche Nationalbibliothek: La Deutsche Nationalbibliothek inscrit cette publication à la Deutsche Nationalbibliografie; des données bibliographiques détaillées sont disponibles sur internet à l'adresse http://dnb.d-nb.de.

Toutes marques et noms de produits mentionnés dans ce livre demeurent sous la protection des marques, des marques déposées et des brevets, et sont des marques ou des marques déposées de leurs détenteurs respectifs. L'utilisation des marques, noms de produits, noms communs, noms commerciaux, descriptions de produits, etc, même sans qu'ils soient mentionnés de façon particulière dans ce livre ne signifie en aucune façon que ces noms peuvent être utilisés sans restriction à l'égard de la législation pour la protection des marques et des marques déposées et pourraient donc être utilisés par quiconque.

Photo de la couverture: www.ingimage.com

Editeur: Presses Académiques Francophones est une marque déposée de
Südwestdeutscher Verlag für Hochschulschriften GmbH & Co. KG
Heinrich-Böcking-Str. 6-8, 66121 Sarrebruck, Allemagne
Téléphone +49 681 37 20 271-1, Fax +49 681 37 20 271-0
Email: info@presses-academiques.com

Produit en Allemagne:
Schaltungsdienst Lange o.H.G., Berlin
Books on Demand GmbH, Norderstedt
Reha GmbH, Saarbrücken
Amazon Distribution GmbH, Leipzig
ISBN: 978-3-8381-8886-7

Imprint (only for USA, GB)
Bibliographic information published by the Deutsche Nationalbibliothek: The Deutsche Nationalbibliothek lists this publication in the Deutsche Nationalbibliografie; detailed bibliographic data are available in the Internet at http://dnb.d-nb.de.

Any brand names and product names mentioned in this book are subject to trademark, brand or patent protection and are trademarks or registered trademarks of their respective holders. The use of brand names, product names, common names, trade names, product descriptions etc. even without a particular marking in this works is in no way to be construed to mean that such names may be regarded as unrestricted in respect of trademark and brand protection legislation and could thus be used by anyone.

Cover image: www.ingimage.com

Publisher: Presses Académiques Francophones is an imprint of the publishing house
Südwestdeutscher Verlag für Hochschulschriften GmbH & Co. KG
Heinrich-Böcking-Str. 6-8, 66121 Saarbrücken, Germany
Phone +49 681 37 20 271-1, Fax +49 681 37 20 271-0
Email: info@presses-academiques.com

Printed in the U.S.A.
Printed in the U.K. by (see last page)
ISBN: 978-3-8381-8886-7

N° d'ordre: 4346

THÈSE

PRÉSENTÉE À

L'UNIVERSITÉ BORDEAUX 1

ÉCOLE DOCTORALE DES SCIENCES PHYSIQUES ET DE L'INGÉNIEUR

par

Roy ABI ZEID DAOU

Ingénieur en Informatique et Télécommunication

POUR OBTENIR LE GRADE DE

DOCTEUR

SPÉCIALITÉ : AUTOMATIQUE

Etude de l'influence des incertitudes sur le comportement d'un système dynamique non entier de première espèce

---

Soutenue le 10 Novembre 2011

Après avis de : MM.	**Luc DUGARD** Directeur de recherche au GIPSA-Lab de Grenoble	*Rapporteurs*
	Mohammed M'SAAD Professeur à l'ENSI Caen	

Devant la Commission d'examen formée de :

MM.	**Luc DUGARD,**	Directeur de recherche au GIPSA-Lab de Grenoble	*Rapporteurs*
	Mohammed M'SAAD,	Professeur à l'ENSI Caen	
	Xavier MOREAU,	Professeur à l'Université Bordeaux 1	*Co-directeurs de thèse*
	Clovis FRANCIS,	Professeur à l'Université Libanaise	*Co-directeurs de thèse*
	Alain OUSTALOUP,	Professeur à l'ENSEIRB	*Examinateurs*
	Ali CHARARA,	Professeur à l'Université de Technologie de Compiègne	

A mes parents,

« Pitié pour la nation où les sages sont rendus muets par l'âge, tandis que les hommes vigoureux sont encore au berceau.»

Jubran Khalil Jubran, écrivain, poète et peintre libanais d'expression arabe et anglaise (1883-1931).

Remerciements

Ce travail a été effectué au sein de l'équipe CRONE du groupe Automatique du laboratoire IMS, UMR 5218 du CNRS.

Je tiens à remercier, en premier lieu, Xavier Moreau, directeur de cette thèse pour son soutien et son encouragement constant, son éternelle bonne humeur, son grand professionalisme, sa confiance en moi, et la gentillesse et la patience qu'il a manifestées à mon égard durant cette thèse.

Je remercie encore Clovis Francis, co-directeur de cette thèse, pour sa gentillesse, son soutien contenu durant ces trois années et sa confiance en moi.

Je tiens à exprimer ma profonde gratitude à ces deux personnes, pour leur aide et leur soutien pendant ces trois ans, et pour leurs efforts à organiser la soutenance de thèse avec un jury d'experts.

Je remercie M. Luc Dugard et M. Mohammad M'Saad pour avoir accepté la tâche d'évaluer et de rapporter mon travail. J'adresse aussi toute ma gratitude à M. Alain Oustaloup ainsi qu'à M. Ali Charara pour m'avoir fait l'honneur de participer au Jury.

Je remercie également les membres de l'équipe CRONE qui ont contribué à faire avancer ces travaux dans la joie et la bonne humeur durant mes courts séjours auprès d'eux. J'exprime aussi mes remerciements à la Faculté de Génie de l'Université Saint-Esprit de Kaslik pour son soutien durant la première année de thèse. Enfin, les remerciements les plus chaleureux à la direction de l'Université Libano-Allemande (Lebanese German University), en particulier à Dr. Marwan Rassi, président de l'université, Mme Marianne Adaimi, vice-présidente des affaires administratives, Dr. Edgard Rizk, ancien vice-président des affaires académiques, et ainsi qu'à tous les membres de la faculté de Santé Publique, notamment, Dr. Paul Makhlouf, le doyen de la faculté et à tous les collègues, M. Elie Obeid et Charbel Habib et Mme. Viviane Rahi, Chantale Hajj, Monique Lteif, Celine Salomé, Brigitte Nohra et Carole Abi Saab.

Je remercie aussi mes collègues et amis, Dr. Ing. Charles Yaacoub, Ing. Chadi Chaar, Ing. Charbel Khoury, Ing. Houssam Chahine et Ing. Ibrahim Ismail pour leur bonté, leur encouragement et leur foi en moi.

Finalement, je voudrais exprimer tout mon amour et ma reconnaissance à mes parents pour m'avoir aidé et encouragé durant mes longues années d'études, pour m'avoir toujours soutenu moralement et financièrement et pour m'avoir soutenu dans les moments les plus difficiles de ma thèse.

Introduction générale

Cette thèse s'inscrit dans le cadre d'une collaboration internationale entre la Faculté de Génie de l'Université Libanaise et l'Université Bordeaux 1, au sein de l'équipe CRONE du Groupe Automatique du pôle APS (Automatique, Productique et Signal) du laboratoire IMS, UMR 5218 du CNRS.

L'opération scientifique "Systèmes à Dérivées Non Entières" que supporte l'équipe CRONE concerne à la fois la *théorie des systèmes*, l'*automatique* et la *robotique*. Les motivations d'une telle thématique sont dictées par le souci constant de défendre l'idée suivante : étant donné ses propriétés de "compacité", l'opérateur de dérivation non entière constitue l'outil mathématique par excellence pour modéliser avec un minimum de paramètres le plus grand nombre de phénomènes relevant tout aussi bien des sciences pour l'ingénieur que des sciences biologiques et physico-chimiques ; l'exploitation des modèles réduits correspondants conduit alors à des propriétés remarquables tant par leur caractère novateur et original que par la simplicité de leur formulation.

Les travaux présentés dans ce mémoire de thèse s'inscrivent dans cette thématique, le contexte d'étude étant plus particulièrement défini par :

- en *théorie des systèmes*, l'étude d'un Système à Dérivées Non Entières (SDNE) de 1ère espèce, ainsi que la synthèse d'un intégrateur d'ordre non entier borné en fréquence ;

- en *automatique*, l'analyse de l'influence des incertitudes paramétriques et structurelles (inhérentes à la réalisation d'un intégrateur d'ordre non entier) sur la robustesse du degré de stabilité et sur la robustesse des performances ;

- en *robotique*, l'application au contrôle des vibrations, notamment en isolation vibratoire avec la mise en défaut de l'interdépendance masse-amortissement.

Organisation et contenu de la thèse

Le sujet de cette thèse concerne l'étude de l'influence des incertitudes paramétriques et structurelles sur le comportement d'un SDNE de 1ère espèce défini par l'association d'une fractance et d'un élément I (au sens bond-graph), et ce quel que soit le domaine de la physique.

Le mémoire de thèse comporte deux parties. La première, composée de trois chapitres, présente un caractère théorique et méthodologique, elle s'inscrit dans le cadre de la théorie des systèmes. La seconde comporte deux chapitres qui présentent un caractère applicatif, l'objectif étant d'illustrer dans les domaines de la mécanique et de l'électronique la démarche présentée dans la première partie.

La figure 1 illustre, à l'aide d'un cycle en V, le fil conducteur et la logique d'enchainement des différents chapitres.

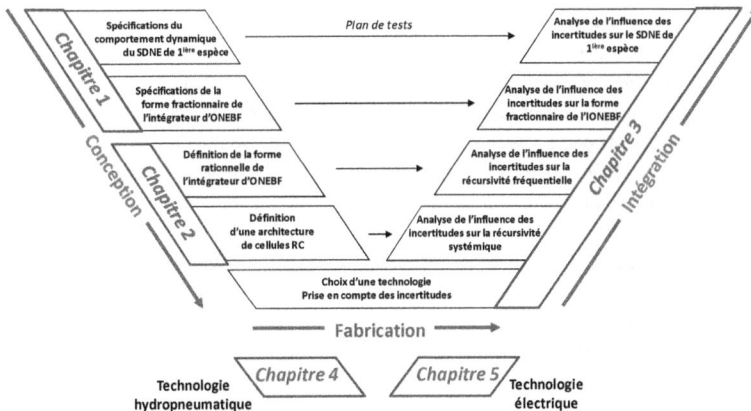

IONEBF : Intégrateur d'Ordre Non Entier Borné en Fréquence

Figure 1 – *Illustration à l'aide d'un cycle en V du fil conducteur et de la logique d'enchainement des différents chapitres*

Ainsi, la première partie du mémoire est composée de trois chapitres.

Le *chapitre 1*, intitulé : « *Systèmes à Dérivées Non Entières* », constitue un tutorial. La première partie est consacrée aux définitions et aux interprétations de l'intégration et de la dérivation d'ordre non entier. Puis, à titre d'illustration, des exemples de Systèmes à Dérivées Non Entières (SDNE), tant à paramètres distribués faisant l'objet de phénomènes de diffusion, qu'à paramètres localisés, sont présentés. Ces exemples montrent, si nécessaire, que l'intégration et la dérivation d'ordre non entier ne sont pas seulement des concepts mathématiques résultant d'une volonté de généralisation, mais qu'ils sont bien présents notamment en physique et dans la nature d'une manière plus générale.

La seconde partie présente l'étude analytique du comportement d'un SDNE de 1ère espèce défini par l'association d'un fractor (**frac**tional integra**tor**) et d'un élément I. Compte tenu de la structure naturellement bouclée du schéma causal résultant d'une telle association, l'analyse du comportement dynamique est menée en boucle ouverte et en boucle fermée. Ensuite, la forme fractionnaire de l'intégrateur d'ordre non entier borné en fréquence est introduite pour montrer que, correctement dimensionnée, il n'y a pas de différence de comportement par rapport à celui obtenu avec un fractor. Cette partie permet de comprendre les propriétés dynamiques du SDNE de 1ère espèce, facilitant ensuite dans une démarche de conception (première branche du cycle en V de la figure 1), les spécifications des performances souhaitées.

Le *chapitre 2*, intitulé : « *Synthèse d'un intégrateur d'ordre non entier* », rappelle dans une première partie la méthode descendante du concept à la réalisation, toujours de manière générique, indépendamment d'un domaine particulier de la physique. Le point de départ est fixé par les spécifications du comportement dynamique du SDNE de première espèce en matière de degré de stabilité, de rapidité et de robustesse conformément au chapitre 1. Ensuite, ces spécifications sont traduites en contraintes sur les quatre paramètres de synthèse de haut niveau de la forme fractionnaire de l'intégrateur d'ordre non entier borné en fréquence, puis la forme rationnelle est introduite à travers une distribution récursive de pôles et de zéros. L'étape suivante est la réalisation à partir de deux arrangements RC : un arrangement parallèle de cellules RC en série et un arrangement cascade de cellules RC en gamma. Enfin, la dernière partie met en évidence, grâce à la structure naturellement bouclée du SDNE de 1ère espèce, le fait qu'une approximation de l'intégrateur d'ordre non entier borné en fréquence, même limitée à une décade, est satisfaisante dès l'instant où elle est effectuée au voisinage de la fréquence au gain unité en boucle ouverte.

Le *chapitre 3*, intitulé : « *Analyse de l'influence des incertitudes* », introduit les incertitudes liées à la fabrication (branche horizontale du cycle V de la figure 1). Ces incertitudes sont classées en deux catégories : paramétriques et structurelles. En ce qui concerne les incertitudes paramétriques, les caractéristiques résistives et capacitives des éléments RC qui composent les deux réseaux de base sont fonction principalement de deux familles de paramètres, à savoir géométriques et physico-chimiques du matériau (solide, liquide ou gaz). Les incertitudes paramétriques associées sont essentiellement :

- pour les paramètres géométriques, liées aux dispersions de fabrication, un majorant souvent rencontré est de l'ordre de 10% ;
- pour les paramètres physico-chimiques, liées à certaines grandeurs, notamment physiques comme souvent la température et la pression.

Quant aux incertitudes structurelles des réseaux RC, elles sont liées aux hypothèses simplificatrices posées lors de la démarche de synthèse. Elles apparaissent lorsque le SDNE est utilisé en dehors du domaine de validité de ces hypothèses. C'est le cas, par exemple, des phénomènes inertiels, résistifs et capacitifs dans les canalisations hydrauliques qui sont supposées négligeables lors de la synthèse ou encore d'un fonctionnement aux grandes amplitudes qui fait apparaître un comportement non linéaire. Ainsi, les réseaux RC de base sont structurellement modifiés en raison des ces incertitudes.

Après avoir défini l'origine des incertitudes, la suite de ce chapitre est consacrée à l'analyse de leur influence (troisième branche du cycle en V : *Intégration*). Dans un premier temps, à partir de l'expression analytique des incertitudes paramétriques à l'échelle des composants R et C, une analyse est proposée pour comprendre la manière dont ces incertitudes se propagent, d'abord sur les pôles, les zéros et les facteurs récursifs, puis sur les 4 paramètres de synthèse de haut niveau, en particulier l'ordre non entier, et enfin sur le comportement dynamique du SDNE de 1ère espèce. Les résultats montrent, en ce qui concerne les incertitudes liées aux dispersions de fabrication, que leur influence est négligeable tant qu'elles restent inférieures à 10%. Pour les incertitudes associées aux paramètres physico-chimiques, on montre que si tous les composants du réseau RC sont soumis à la même valeur maintenue constante de la grandeur physique influente et que les composants R, d'une part, et les composants C, d'autre part, présentent la même sensibilité aux variations de la grandeur physique influente, alors les incertitudes résultantes $\Delta_m R$ et $\Delta_m C$ sont identiques pour tous les composants R, d'une part, et C, d'autre part, ne dépendant ainsi plus du rang i comme dans le cas général. La principale conséquence est que la récursivité systémique et la récursivité fréquentielle sont insensibles à ces incertitudes. Ceci est une généralisation des résultats de la thèse de Pascal SERRIER obtenus dans le cas particulier d'une suspension hydropneumatique avec comme grandeur influente la pression statique (et donc la masse suspendue).

La dernière partie est consacrée à l'analyse de l'influence des incertitudes structurelles. Dans un premier temps, la décomposition en séries de Taylor des expressions non linéaires des éléments R et C fait apparaître à l'ordre 1 les expressions linéarisées auxquelles se superposent des termes d'ordre supérieur à 1 qui peuvent être interprétés comme des incertitudes structurelles additives. L'influence des non-linéarités des composants R et C est ensuite analysée à l'aide des séries de Volterra. Les résultats mettent en évidence que même en présence de variations de grande amplitude du flux généralisé en entrée des réseaux RC, chaque composant R et C est soumis à des variations dont l'amplitude est d'autant plus petite que le nombre N de cellules est important. Enfin, la présence d'incertitudes structurelles faisant apparaître dans les réseaux RC de base des cellules IRC « parasites » non prises en compte lors de la synthèse en raison d'hypothèses simplificatrices est étudiée. Plus précisément, les conditions de découplage dynamique sont établies à l'échelle de chaque cellule pour que les effets parasites interviennent aux hautes fréquences et ne modifient pas le comportement non entier aux moyennes fréquences, c'est-à-dire dans la plage fréquentielle où ce comportement est synthétisé. Ainsi, des contraintes sur les valeurs des éléments I, R et C parasites sont établies, permettant de définir les limites du domaine dans lequel les hypothèses simplificatrices sont réalistes. Ces contraintes permettent d'établir des préconisations dans le cadre d'une aide à la conception des réseaux RC de base.

La seconde partie du mémoire de thèse est composée de deux chapitres à caractère applicatif dans les domaines de la mécanique et de l'électronique. L'objectif est d'illustrer précisément la démarche proposée dans les trois premiers chapitres en prenant en compte les spécificités de ces deux domaines.

Ainsi, le ***chapitre 4***, intitulé « ***SDNE dans le domaine de la mécanique : la suspension CRONE*** » s'inscrit dans le domaine de l'isolation vibratoire avec la mise en défaut de l'interdépendance masse-amortissement. En effet, dans le cadre de la dynamique des systèmes à dérivées entières, l'augmentation de la masse se traduit par une diminution de l'amortissement. Par contre, dans le cadre de la dynamique des systèmes à dérivées non entières, l'amortissement est indépendant de la masse. Les conditions nécessaires à l'obtention de la mise en défaut de l'interdépendance masse-amortissement sont le résultat de l'approche CRONE. La suspension issue de cette approche, appelée ***suspension CRONE***, est caractérisée par une impédance qui n'est autre qu'un intégrateur d'ordre non entier borné en fréquence. En isolation vibratoire, parmi les solutions envisageables pour la mise en œuvre d'un intégrateur d'ordre non entier, celle retenue est réalisée à partir de réseaux de cellules RC hydropneumatiques (amortisseurs hydrauliques et sphères hydropneumatiques). Ces réseaux hydropneumatiques présentent des incertitudes, à la fois paramétriques (les capacités hydropneumatiques C dépendent, notamment, de la valeur de la masse suspendue à travers la pression statique) et structurelles (les éléments R et C sont non linéaires, et les canalisations hydrauliques du réseau peuvent présenter des effets parasites de types inertiel, capacitif et résistif, introduisant ainsi dans la modélisation des cellules IRC). Les résultats obtenus montrent que les incertitudes des réseaux hydropneumatiques de la suspension CRONE n'affectent pas la robustesse du degré de stabilité vis-à-vis des variations de la masse suspendue, prolongeant ainsi dans un contexte incertain, en particulier non linéaire, la mise en défaut de l'interdépendance masse-amortissement obtenue dans un contexte linéaire.

Enfin, le ***chapitre 5***, intitulé « ***SDNE dans le domaine de l'électronique*** » présente un support d'étude résultant de l'association de trois montages élémentaires à base d'amplificateurs opérationnels : un montage amplificateur différentiel, un montage intégrateur d'ordre non entier réalisé à l'aide d'un arrangement parallèle de cellules RC en série et un montage intégrateur d'ordre un. Il est à noter la présence d'une résistance variable à l'entrée du deuxième montage permettant de faire varier le gain de boucle. De plus, les composants électriques du commerce, notamment ceux de l'arrangement parallèle de cellules RC en série, ont été choisis avec une attention toute particulière afin de respecter le domaine de validité de l'analyse présentée au chapitre 3, la grandeur physique influente étant principalement la température. Ce support d'étude, dimensionné conformément à la démarche présentée aux chapitres 1 et 2, possède un comportement dynamique d'un SDNE de 1ère espèce. Ensuite, afin d'illustrer l'analyse de l'influence des incertitudes présentée au chapitre 3, les performances dynamiques (en particulier la robustesse du degré de stabilité) obtenues en simulation avec les valeurs des composants R et C issues de la synthèse, et celles obtenues expérimentalement avec les valeurs incertaines réellement implantées au niveau du dispositif d'essai sont comparées conformément à la progression suivante :

- pour un état paramétrique nominal défini, notamment, par une température ambiante de 22°C et une valeur nominale de la résistance variable ;
- pour une température ambiante nominale de 22°C et une variation d'un facteur 8 de la résistance variable conduisant à une variation du gain de boucle ;
- pour une valeur nominale de la résistance variable et une variation de la température ambiante (0°C, 22°C et 40°C).

Les résultats obtenus montrent que les incertitudes des composants de l'arrangement parallèle de cellules RC en série n'affectent pas la robustesse du degré de stabilité, non seulement vis-à-vis des variations d'un facteur 8 du gain de boucle, mais aussi vis-à-vis des variations de la température dans une plage comprise entre 0°C et 40°C, confirmant ainsi dans un contexte expérimental incertain les résultats de simulation et ceux de l'étude analytique présentés au chapitre 3.

Table des matières

Chapitre 1- Systèmes à Dérivées Non Entières : SDNE

SOMMAIRE

1.1 Introduction

Le concept de dérivation non entière (appelée aussi dérivation fractionnaire dans la littérature internationale) date de 1695 lorsque L'Hospital et Leibniz s'interrogeaient dans leurs correspondances sur la signification d'une dérivée d'ordre 0.5 [Dugowson, 1994]. Au cours du 18ème siècle, il y eu seulement quelques contributions sur ce sujet, notamment de la part d'Euler qui souleva de nouveau le problème de la définition d'une dérivée d'ordre fractionnaire. Plus tard, au 19ème siècle, Liouville et Riemann donnèrent une définition cohérente de la dérivée fractionnaire. Mais, c'est surtout au cours de la deuxième moitié du 20ème siècle que des avancées majeures concernant la théorie de la dérivation et de l'intégration fractionnaires on été réalisées [Oldham et al., 1974] [Miller et al., 1993] [Samko et al., 1993] [Oustaloup, 1995]. Aujourd'hui, au 21ième siècle, dans le domaine des sciences pour l'ingénieur, les systèmes fractionnaires sont étudiés par un nombre d'auteurs de plus en plus important. En effet, il y a un grand nombre de systèmes physiques dont le comportement dynamique peut être décrit avec parcimonie grâce à des modèles fractionnaires : processus électrochimiques [Sabatier et al., 2006], diffusion thermique dans un milieu homogène semi-infini [Lin, 2001] [Cois, 2002], polarisation diélectrique [Bohannan, 2000], matériaux visco-élastiques [Moreau et al, 2002] [Ramus-Serment et al., 2002].

Après cette introduction générale pour situer le contexte, la suite est d'abord consacrée aux définitions et aux interprétations de l'intégration et de la dérivation d'ordre non entier. Ensuite, l'étude de la dynamique d'un Système à Dérivées Non Entières (SDNE) de 1ère espèce est développée, permettant ainsi de bien mettre en évidence les propriétés les plus remarquables d'un tel système. Enfin, à titre d'illustration, des exemples d'intégrateurs fractionnaires, tant à paramètres distribués faisant l'objet de phénomènes de diffusion, qu'à paramètres localisés, sont proposés. Ces exemples montrent, si nécessaire, que l'intégration et la dérivation d'ordre non entier ne sont pas seulement des concepts mathématiques résultant d'une volonté de généralisation, mais qu'ils sont bien présents notamment en physique et dans la nature d'une manière plus générale.

1.2 Intégration non entière : rappel

1.2.1 Définition

Inspirée de la formule de Cauchy [Miller *et al.*, 1993] [Oldham *et al.*, 1974] [Samko *et al.*, 1993], la définition de Riemann-Liouville de **l'intégrale d'ordre *m*** d'une fonction $f(t)$, notée $_0I_t^m f(t)$ avec $\boldsymbol{m > 0}$, a été établie au XIXème siècle sous la forme :

$$_0I_t^m f(t) \overset{\Delta}{=} \int_0^t \frac{1}{\Gamma(m)(t-\tau)^{1-m}} f(\tau)\, d\tau , \qquad (1.1)$$

avec $t > 0$, $m \in R^+$ et où $\Gamma(m)$ est la fonction Gamma définie par :

$$\Gamma(m) \overset{\Delta}{=} \int_0^\infty e^{-x} x^{m-1} dx . \qquad (1.2)$$

1.2.2   Interprétation géométrique

La difficulté d'attribuer à cet opérateur un sens géométrique [Adda, 1997] [Moreau *et al.*, 2005] [Nigmatullin, 1992] [Podlubny, 2005], comparable à celui que l'on accorde à l'intégration d'ordre entier, n'est certes pas étrangère au peu d'intérêt que les physiciens lui ont porté.

Néanmoins, dans le cas où l'ordre *m* est réel, la définition (1.1) peut être interprétée comme l'aire de la surface que définit la fonction $f(t)$ pondérée par un facteur d'oubli représenté par la fonction *h(t)* définie par :

$$h(t) \overset{\Delta}{=} \frac{1}{\Gamma(m)(t-\tau)^{1-m}} . \qquad (1.3)$$

Ainsi, si *m* est égal à 1, $_0I_t^m f(t)$ est une intégrale classique, toutes les valeurs de $f(t)$ ayant le même « poids ». Si *m* est un réel compris entre 0 et 1, les valeurs les plus récentes ont plus de « poids » que les plus anciennes. La figure 1.1 représente les variations du facteur d'oubli *h(t)* pour des valeurs de *m* comprises entre 0.1 et 1. A travers cette interprétation, les différentes pondérations obtenues en faisant varier l'ordre d'intégration *m* mettent en évidence l'aptitude de cet opérateur à décrire des phénomènes physiques à mémoire longue tels que les phénomènes de diffusion.

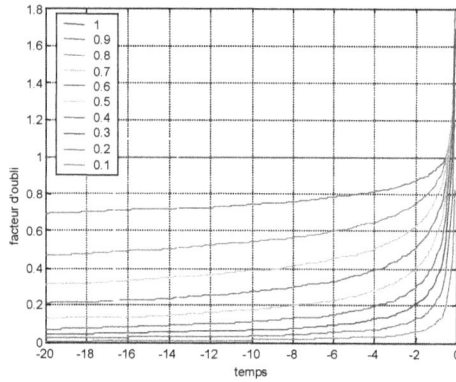

Figure 1.1 - *Courbes représentatives des variations du facteur d'oubli h(t) dans le cas d'une intégrale d'ordre réel m tel que 0.1<m<1*

1.2.3 Interprétation système

Dans le cadre d'une approche système où $u(t)$ désigne l'entrée et $y(t)$ la sortie, l'intégrale d'ordre m de $u(t)$, notée $y(t) = {}_0I_t^m u(t)$, soit :

$$y(t) \stackrel{\Delta}{=} \int_0^t \frac{1}{\Gamma(m)\,(t-\tau)^{1-m}}\, u(\tau)\, d\tau \ , \qquad (1.4)$$

peut être interprétée comme le produit de convolution entre la réponse impulsionnelle $h(t)$ du système et son entrée $u(t)$, soit :

$$y(t) \stackrel{\Delta}{=} \int_0^t h(t-\tau)\, u(\tau)\, d\tau = h(t) * u(t). \qquad (1.5)$$

La transformée de Laplace de $h(t)$, notée $H(s)$, qui n'est autre que la fonction de transfert d'un intégrateur d'ordre $m>0$, est donnée par [Oldham *et al.*, 1974] :

$$H(s) = TL\{h(t)\} = TL\left\{ \frac{1}{\Gamma(m)\, t^{(1-m)}} \right\} = \frac{1}{s^m} \ . \qquad (1.6)$$

Une des propriétés remarquables de la réponse impulsionnelle d'un intégrateur non entier est l'auto-similarité [Ren *et al.*, 1996] qui traduit l'invariance lors d'un changement d'échelle de temps, soit :

$$h(K\,t) = \frac{1}{\Gamma(m)\ (K\,t)^{(1-m)}} = K^{(m-1)}\,h(t), \tag{1.7}$$

où K est une constante. Il est à noter que les réponses impulsionnelles de type exponentiel ne possèdent pas cette propriété.

La figure 1.2 présente les réponses fréquentielles et impulsionnelles d'un intégrateur généralisé pour des ordres m compris entre 0 et 2.

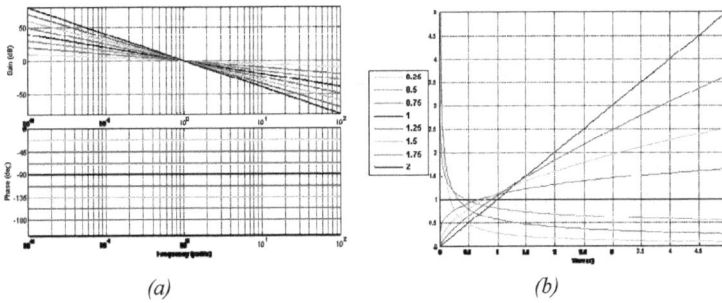

(a)	(b)

Figure 1.2 – *Réponses fréquentielles (a) et impulsionnelles (b) d'un intégrateur généralisé pour des ordres compris entre 0 et 2*

1.2.4 Dérivation non entière

La définition de Riemann-Liouville de **l'intégrale d'ordre** m d'une fonction $f(t)$, notée $_0I_t^m f(t)$ avec $m > 0$, étendue à des ordres négatifs, soit :

$$_0I_t^{-m} f(t) = {_0D_t^m} f(t), \tag{1.8}$$

est généralement divergente [Samko et al., 1993].

La manière la plus simple pour définir une dérivée non entière d'ordre $m > 0$ (intégrale d'ordre négatif) consiste à dériver à l'**ordre entier** n, avec $n = \text{Ent}[m] + 1$, l'intégrale d'ordre non entier $(n-m) > 0$, soit :

$$_0D_t^m f(t) \overset{\Delta}{=} {_0D_t^{m-n+n}} f(t) \overset{\Delta}{=} \left(\frac{d}{dt}\right)^{(n)} {_0D_t^{-(n-m)}} f(t), \tag{1.9}$$

ou encore, sachant que $_0D_t^{-(n-m)} f(t) = {_0I_t^{(n-m)}} f(t),$

$$_0 D_t^m f(t) \overset{\Delta}{=} \left(\frac{d}{dt}\right)^{(n)} \int_0^t \frac{1}{\Gamma(n-m)(t-\tau)^{1-(n-m)}} f(\tau) d\tau . \qquad (1.10)$$

A titre d'exemple :

$$_0 D_t^{0.75} f(t) \overset{\Delta}{=} \left(\frac{d}{dt}\right)^{(1)} {}_0 I_t^{0.25} f(t) . \qquad (1.11)$$

1.3   Etude de la dynamique d'un système fractionnaire élémentaire

Dans le domaine de la modélisation, l'approche bond-graph [Dauphin-Tanguy, 2000] a démontré tous les avantages de l'utilisation de la causalité intégrale pour la simulation numérique lors de l'étude de la dynamique des systèmes. Par exemple, avec un élément C de stockage d'énergie (en bond-graph l'élément C est utilisé pour représenter les phénomènes capacitifs des ressorts, des barres de torsion, des accumulateurs électriques et hydropneumatiques,...), la relation causale entre ses variables de puissance est donnée par :

$$e_C(t) = \frac{1}{c} \int_0^t f_C(\tau) \, d\tau + e_C(0) , \qquad (1.12)$$

où $f_C(t)$ et $e_C(t)$ représentent le flux et l'effort généralisés, $e_C(0)$ une condition initiale (CI) sur l'effort et $c \in R^+$ un paramètre caractéristique de l'élément C. Avec un élément I de stockage d'énergie (en bond-graph l'élément I est utilisé pour représenter les phénomènes inertiels des masses en translation, des inerties en rotation, des inductances électriques et hydrauliques,...), la relation causale entre ses variables de puissance est donnée par :

$$f_I(t) = \frac{1}{I} \int_0^t e_I(\tau) \, d\tau + f_I(0) , \qquad (1.13)$$

où $f_I(t)$ et $e_I(t)$ représentent le flux et l'effort généralisés, $f_I(0)$ une condition initiale (CI) sur le flux et $I \in R^+$ un paramètre caractéristique de l'élément I.

La figure 1.3 représente deux schémas fonctionnels illustrant les relations de causalité des éléments C et I.

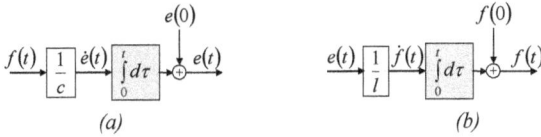

(a)   *(b)*

Figure 1.3   - *Schémas fonctionnels illustrant les relations de causalité des éléments*
C (a) et I (b)

Pour les systèmes fractionnaires, la causalité intégrale conduit à utiliser un intégrateur fractionnaire, appelé *fractor* (contraction de *fractional integrator*) [Bohannan, 2000]. L'intérêt d'utiliser la causalité intégrale est le même que pour les systèmes rationnels [Trigeassou, *et al.*, 1999] [Trigeassou *et al.*, 2011].

Ainsi, ce chapitre se focalise sur un système fractionnaire élémentaire composé d'un élément *I* et d'un élément caractérisé par une impédance fractionnaire, appelée *fractance* (contraction de *fractional impedance*) [Le Méhauté, *et al.*, 1998] [Krishna, 2011]. Pour un *fractor*, l'effort généralisé $e_\lambda(t)$ est proportionnel à l'intégrale fractionnaire du flux généralisé $f_\lambda(t)$, soit :

$$e_\lambda(t) = \frac{1}{\lambda} \int_0^t \frac{1}{\Gamma(1-m)\,(t-\tau)^{-m}} \, f_\lambda(\tau)\ d\tau + e_\lambda(0), \tag{1.14}$$

où $e_\lambda(0)$ est une fonction qui prend en compte les conditions initiales [Hartley *et al*, 2002] [Hartley *et al*, 2007] [Lorenzo *et al*, 2007a] [Lorenzo *et al*, 2007b] [Sabatier *et al.*, 2008] [Trigeassou *et al.*, 2011], et où $\lambda \in R^+$ et $m \in [0\,,\,1]$. Si $m = 0$ alors le *fractor* est un élément *C* purement capacitif, (*capacitor*), si $m = 1$ alors le *fractor* est un élément *R* purement résistif (*resistor*).

Dans les paragraphes suivants, la modélisation d'un système fractionnaire élémentaire est développée [Charef *et al.*, 2010], puis les principales propriétés en matière de stabilité, de degré de stabilité, de robustesse du degré de stabilité, ainsi que les expressions des fréquences caractéristiques sont rappelées. Ensuite, le concept d'intégrateur fractionnaire borné en fréquence est introduit, puis à l'aide d'un exemple d'illustration, il est mis en évidence que correctement borné cet intégrateur ne modifie en rien le comportement du SDNE de 1ère espèce [Moreau *et al*, 2008].

1.3.1   D'un *fractor* idéal vers un système fractionnaire élémentaire

La relation (1.14) est réécrite sous une forme générique d'un produit de convolution, soit :

$$e_\lambda(t) = g(t) * f_\lambda(t) + e_\lambda(0), \tag{1.15}$$

où $g(t)$ représente la réponse impulsionnelle du *fractor*.

Cette étude se veut générique et indépendante de tout domaine de la physique. Cependant, pour illustrer les concepts et faciliter la compréhension, des schémas « électriques » sont utilisés.

La figure 1.4 présente le schéma du système fractionnaire étudié où $e_0(t)$ représente un effort généralisé généré par une source S_e et $f(t)$ le flux généralisé de l'élément I. Plus précisément, ce système résulte de l'association d'un élément I avec un *fractor* pour $0 < m < 1$ (a), un *capacitor* pour $m = 0$ (b) et un *resistor* pour $m = 1$ (c).

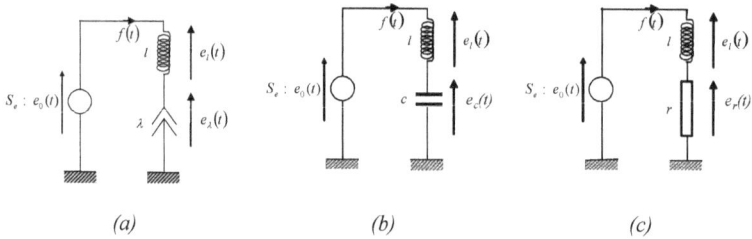

(a)   (b)   (c)

Figure 1.4   - *Schémas électriques composés d'un élément I et : d'un **fractor** (a), d'un **capacitor** (b), ou d'un **resistor** (c)*

L'élément I et le *fractor* étant en série, le flux généralisé $f(t)$ à travers chaque élément est le même. De plus, l'effort généralisé $e_0(t)$ est égal à la somme de $e_I(t)$ et $e_\lambda(t)$, soit :

$$e_0(t) = e_I(t) + e_\lambda(t). \tag{1.16}$$

Finalement, les relations de causalité du système sont :

$$\begin{cases} e_I(t) = e_0(t) - e_\lambda(t) \\ f(t) = \dfrac{1}{l} \displaystyle\int_0^t e_I(\tau)\,d\tau + f(0) \\ e_\lambda(t) = g(t) * f(t) + e_\lambda(0) \end{cases} \tag{1.17}$$

La figure 1.5 présente le schéma causal établi à partir des relations (1.17) et utilisé pour la simulation numérique.

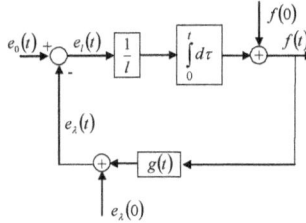

Figure 1.5 - *Schéma causal utilisé pour la simulation numérique*

Un tel schéma présente une boucle fermée. Les relations entre boucle ouverte et boucle fermée sont utilisées dans le paragraphe suivant pour l'analyse d'un tel système. Par ailleurs, le système étant linéaire, le principe de superposition est appliqué pour étudier le régime forcé $\left(e_0(t) \neq 0 \text{ et } CI = 0\right)$, le régime libre $\left(e_0(t) = 0 \text{ et } CI \neq 0\right)$ étant traité dans [Sabatier *et al.*, 2010] [Trigeassou *et al.*, 2011]. Par conséquent, les conditions initiales étant supposées nulles, la transformée de Laplace des relations (1.17) conduit à

$$\begin{cases} E_I(s) = E_0(s) - E_\lambda(s) \\ F(s) = \dfrac{1}{l\,s}\,E_I(s) \\ E_\lambda(s) = G(s)\,F(s) \end{cases}, \qquad (1.18)$$

et au schéma fonctionnel de la figure 1.6, où la fonction de transfert en boucle ouverte $\beta(s)$ est donnée par :

$$\beta(s) = G(s)\,\frac{1}{l\,s}\,, \qquad (1.19)$$

avec

$$G(s) = \frac{1}{\lambda\,s^{1-m}} \qquad (1.20)$$

pour le *fractor*.

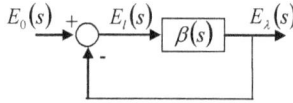

Figure 1.6 - *Schéma fonctionnel associé au schéma causal de la figure 1.5*

Ainsi, l'expression de $\beta(s)$ est de la forme :

$$\beta(s) = \left(\frac{\omega_u}{s}\right)^n, \tag{1.21}$$

où $n = 2 - m$ avec $n \in [1 , 2]$ et où $\omega_u = 1/(l\lambda)^{1/n} \in R^{*+}$ est la fréquence au gain unité en boucle ouverte.

Remarque

*Les paramètres l de l'élément l et λ du **fractor** sont considérés comme incertains, et donc ω_u aussi, soit:*

$$\omega_u \in \left[\omega_{u\min} ; \omega_{u\max}\right] . \tag{1.22}$$

L'impact des incertitudes de la fréquence au gain unité sur le comportement dynamique de ce système fractionnaire élémentaire est discuté dans le prochain paragraphe.

Finalement, la fonction de transfert en boucle fermée

$$H(s) = \frac{E_\lambda(s)}{E_0(s)} = \frac{1}{1 + \left(\dfrac{s}{\omega_u}\right)^n} \tag{1.23}$$

est la fonction de transfert de l'équation différentielle linéaire fractionnaire de première espèce avec $n \in [1 , 2]$, soit :

$$\omega_u^{-n} \, {}_0 d_t^n \, y(t) + y(t) = u(t) , \tag{1.24}$$

où $y(t) = e_\lambda(t)$, $u(t) = e_0(t)$ et où l'opérateur différentiel fractionnaire ${}_0 d_t^n \, y(t)$ est défini dans [Hartley *et al.*, 2002].

1.3.2 Principales propriétés d'un système fractionnaire élémentaire

Un bref résumé des concepts et propriétés d'un système fractionnaire de première espèce sont présentés dans ce paragraphe. Les principales propriétés concernent la stabilité, le degré de stabilité, la robustesse du degré de stabilité et les fréquences caractéristiques.

1.3.2.1 Stabilité et degré de stabilité

La stabilité des systèmes fractionnaires a été traitée dans différents contextes (linéaire, non linéaire, commensurable, non commensurable, non stationnaire, stationnaire, avec retard, sans retard, analytique, numérique) par différents auteurs, comme le présente l'état de l'art de l'article de [Sabatier *et al.*, 2010]. Comme pour les systèmes rationnels à temps invariant, il est aujourd'hui bien connu que la stabilité d'un système linéaire fractionnaire dépend de la localisation de ses pôles dans le plan complexe. Pour un système fractionnaire commensurable, des critères de stabilité ont été proposés. Le plus connu est le théorème de Matignon [Matignon, 1996] établi pour les systèmes ayant un ordre de dérivation $0 < n < 1$. Ce théorème est en fait le point de départ de plusieurs résultats dans ce domaine [Matignon, 1998] [Matignon, 2005] [Momani, 2004]. Pour les systèmes avec $1 < n < 2$, une démonstration de l'extension du théorème de Matignon est proposé dans [Moze *et al.*, 2005].

Remarque

*Dans ce chapitre, nous considérons un ordre n entre 1 et 2, et donc m entre 1 (pour un **resistor**) et 0 (pour un **capacitor**). Pour le cas particulier n = 2, la relation (1.24) définit un système conservatif.*

La localisation dans le plan complexe des pôles du système fractionnaire de première espèce peut être déterminée à partir de la résolution de l'équation caractéristique :

$$1 + \left(\frac{s}{\omega_u}\right)^n = 0 , \tag{1.25}$$

qui conduit à
$$\left(\frac{s}{\omega_u}\right)^n = -1 = e^{j(\pi + 2k\pi)}, \text{ avec } k \in Z \tag{1.26}$$

ou encore
$$s = \omega_u\, e^{j\frac{1+2k}{n}\pi} , \tag{1.27}$$

avec
$$-1 < \frac{1+2k}{n} < 1 .$$

Il existe seulement deux valeurs de $k \in Z$ qui satisfont aux inégalités précédentes [Oustaloup, 1995], à savoir $k = 0$ et $k = -1$, conduisant ainsi à deux pôles, soit :

$$s_0 = \omega_u\, e^{j\frac{\pi}{n}} \quad \text{et} \quad s_{-1} = \omega_u\, e^{-j\frac{\pi}{n}} . \tag{1.28}$$

Ces pôles définissent un mode oscillatoire, dans la mesure où ils sont complexes conjugués, et forment un angle $2\,\Theta$ avec $\Theta = \pi - \pi/n$ (figure 1.7).

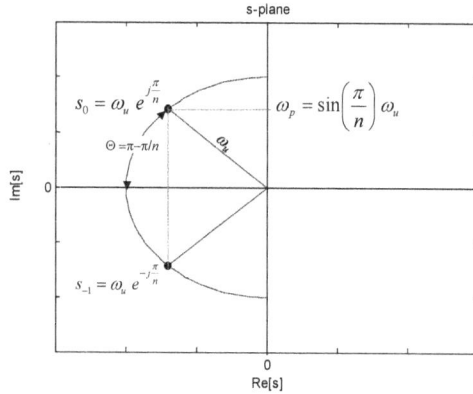

Figure 1.7 – *Localisation des pôles dans le plan complexe*

Lorsque $n \in (1,\, 2)$, la stabilité peut être caractérisée par un concept plus précis : le degré de stabilité.

1.3.2.2 *Degré de stabilité dans le domaine temporel*

Pour $n \in (1\,,\, 2)$, le régime transitoire d'un système fractionnaire élémentaire présente un caractère oscillatoire. Ainsi, le degré de stabilité peut être quantifié dans le domaine temporel par le facteur d'amortissement ζ directement déduit du demi-angle $\Theta = \pi - \pi/n$ (figure 1.7) [Oustaloup, 1995] :

$$\zeta(n) = \cos\Theta = -\cos\left(\frac{\pi}{n}\right) . \tag{1.29}$$

Ce résultat montre que le facteur d'amortissement $\zeta(n)$ dépend exclusivement de l'ordre n.

Remarque

- *Si n = 1 alors ζ = 1 et le système présente un amortissement critique.*
- *Si n = 2 alors ζ = 0 et le système est non amorti (système conservatif).*

La figure 1.8 présente le facteur d'amortissement ζ en fonction de l'ordre $n = 2 - m$.

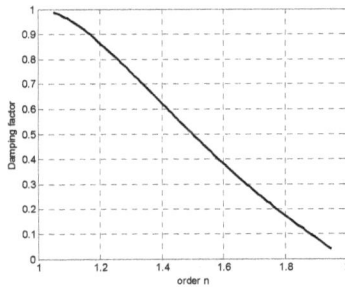

Figure 1.8   *– Facteur d'amortissement ζ en fonction de l'ordre n*

1.3.2.3 Degré de stabilité dans le domaine fréquentiel

Pour $n \in (1, 2)$, la réponse fréquentielle $H(j\omega)$ de $H(s)$ comporte une résonance [Oustaloup, 1995]. La figure 1.9 présente les diagrammes de Bode de $H(s)$ avec $\omega_u = 1$ rad/s et pour différentes valeurs de n.

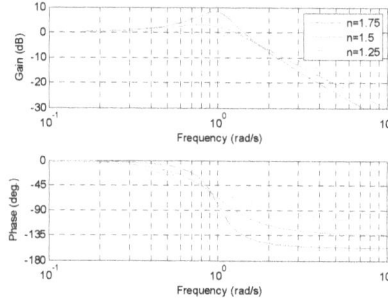

Figure 1.9 - *Diagrammes de Bode de H(s) avec ω_u = 1 rad/s et pour différentes valeurs de n*

Le degré de stabilité peut être quantifié dans le domaine fréquentiel (et en boucle fermée) par le facteur de résonance $Q(n)$, défini par [Oustaloup, 1995] :

$$Q(n) = \frac{\max|H(j\omega)|}{|H(j0)|} = |H(j\omega_r)| = \frac{1}{\sin\left(n\dfrac{\pi}{2}\right)}, \qquad (1.30)$$

où la fréquence de résonance, ω_r, est donnée par :

$$\omega_r = \left(-\cos\left(n\frac{\pi}{2}\right)\right)^{1/n} \omega_u . \qquad (1.31)$$

Ce résultat montre que le facteur de résonance $Q(n)$ dépend exclusivement de l'ordre n. Le facteur de résonance Q est tracé en fonction de l'ordre n (figure 1.10.a) et en fonction du facteur d'amortissement ζ (figure 1.10.b).

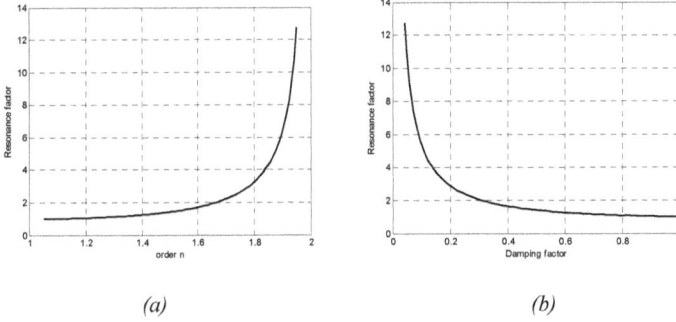

(a)   (b)

Figure 1.10 - *Facteur de résonance Q en fonction de l'ordre n (a) et en fonction du facteur d'amortissement ζ (b)*

Dans le domaine fréquentiel et dans le cadre d'une analyse boucle ouverte d'un système bouclé, le degré de stabilité peut être quantifié par la marge de phase, M_Φ, définie par:

$$M_\Phi = \pi + \arg \beta\left(j\omega_u\right) = \pi - n\frac{\pi}{2} = \left(2-n\right)\frac{\pi}{2} = m\frac{\pi}{2} \ . \tag{1.32}$$

Ce résultat montre que la marge de phase $M_\Phi(n)$ dépend exclusivement de l'ordre n. La figure 1.11 présente les lieux de Nichols de la boucle ouverte pour $n = 1$, 1.25, 1.5, 1.75, 2 (figure 1.11.a) et la marge de phase $M_\Phi(n)$ en fonction de l'ordre n (figure 1.11.b).

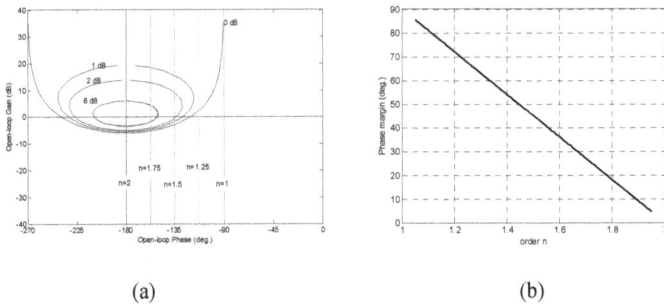

(a)   (b)

Figure 1.11 - *Lieux de Nichols en boucle ouverte avec $\omega_u = 1$ rad/s et pour $n = 1$, 1.25, 1.5, 1.75, 2 (a) ; marge de phase $M_\Phi(n)$ en fonction de l'ordre n (b)*

Les relations (1.19), (1.20) et (1.21) montrent donc que le degré de stabilité dépend seulement de l'ordre fractionnaire n.

1.3.3 Réponses temporelles

Dans le domaine temporel, la rapidité de la dynamique est caractérisée par la constante de temps $\tau = 1/\omega_u$ égale à l'inverse de la fréquence au gain unité en boucle ouverte. Dans le domaine fréquentiel, ω_u est utilisée pour définir la bande passante d'un système linéaire.

Pour un système fractionnaire de première espèce avec $n \in (1\,,\,2)$, la fréquence propre ω_p est directement déduite de ω_u et du demi-angle $\Theta = \pi - \pi/n$ (figure 1.11), soit :

$$\omega_p = \sin\Theta \;\; \omega_u = \sin\!\left(\frac{\pi}{n}\right)\omega_u \;. \tag{1.33}$$

Remarque

- *Si $n = 1$ alors $\omega_p = 0$ et la réponse du régime transitoire ne présente pas de caractère oscillatoire.*
- *Si $n = 2$ alors $\omega_p = \omega_u$ et la réponse du régime transitoire est non amortie.*

Tracer les réponses fréquentielles d'un système fractionnaire ne pose pas de problème particulier. Par contre, simuler numériquement les réponses temporelles est plus délicat. Cet aspect est abordé dans les paragraphes suivants avec les réponses impulsionnelle et indicielle.

1.3.3.1 Réponse impulsionnelle

La réponse impulsionnelle $h(t)$ peut être calculée par transformée inverse de Laplace (LT^{-1}) de la fonction de transfert $H(s)$, soit :

$$h(t) = LT^{-1}\{H(s)\} = LT^{-1}\left\{\frac{1}{\left(\dfrac{s}{\omega_u}\right)^n + 1}\right\}. \tag{1.34}$$

Dans un premier temps, $H(s)$ est développée en une série en $s = \infty$, soit :

$$H(s) = \cfrac{1}{\left(\dfrac{s}{\omega_u}\right)^n + 1} = \left(\frac{\omega_u}{s}\right)^n - \left(\frac{\omega_u}{s}\right)^{2n} + \left(\frac{\omega_u}{s}\right)^{3n} - \ldots = \left(\frac{\omega_u}{s}\right)^n \sum_{i=0}^{\infty} \left(-\frac{\omega_u}{s}\right)^{n\,i} .\quad (1.35)$$

Ensuite, sachant que $\qquad \left(\dfrac{\omega_u}{s}\right)^n = \omega_u^n \; \mathrm{LT}\left\{\dfrac{t^{n-1}}{\Gamma(n)}\right\}, \qquad\qquad\qquad (1.36)$

la transformée inverse de Laplace de la série (1.35) est calculée conduisant à l'expression de la réponse impulsionnelle, soit :

$$h(t) = \omega_u^n \, t^{n-1} \sum_{i=0}^{\infty} \frac{\left(-\omega_u^n\right) t^{n\,i}}{\Gamma\left(n\left(i+1\right)\right)}, \qquad\qquad (1.37)$$

dont les réponses pour $\omega_u = 1$ rad/s et pour différentes valeurs de n sont tracées figure 1.12. La série infinie (1.37) est tronquée à une valeur importante, ici $i = 100$, dans le but d'obtenir une réponse approximée très proche de la réponse théorique du système fractionnaire.

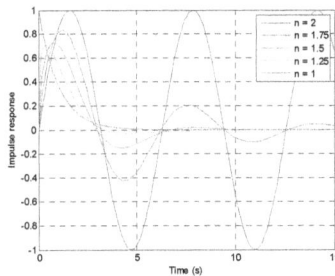

Figure 1.12 - *Réponses impulsionnelles pour $\omega_u = 1$ rad/s et différentes valeurs de*
n

1.3.3.2 Réponse indicielle

La réponse indicielle $y_{step}(t) = e_\lambda(t)$ est obtenue en calculant la transformée inverse de Laplace de $Y_{step}(s)$, soit :

$$Y_{step}(s) = H(s)\frac{1}{s} = \frac{1}{s\left(\left(\dfrac{s}{\omega_u}\right)^n + 1\right)} ,$$ (1.38)

ou encore, après la décomposition suivante :

$$Y_{step}(s) = \frac{1}{s} - \frac{\left(\dfrac{s}{\omega_u}\right)^n}{s\left(\left(\dfrac{s}{\omega_u}\right)^n + 1\right)} ,$$ (1.39)

il vient :

$$y_{step}(t) = \mathrm{LT}^{-1}\left\{\frac{1}{s} - \frac{\left(\dfrac{s}{\omega_u}\right)^n}{s\left(\left(\dfrac{s}{\omega_u}\right)^n + 1\right)}\right\} = u(t) - E_n\left(-\omega_u^n\, t^n\right) ,$$ (1.40)

où $u(t)$ représente la fonction saut échelon unitaire de Heaviside et $E_n\left(-\omega_u^n\, t^n\right)$ la fonction de Mittag-Leffler [Samko *et al*, 1993] définie par

$$E_n\left(-\omega_u^n\, t^n\right) = \sum_{i=0}^{\infty} \frac{\left(-\omega_u^n\right)^i t^{n\, i}}{\Gamma(n\, i + 1)} .$$ (1.41)

La figure 1.13 présente la fonction de Mittag-Leffler pour $\omega_u = 1$ rad/s et pour différentes valeurs de n. La série infinie (1.41) est elle aussi tronquée à une valeur importante, ici $i = 100$, afin d'obtenir une réponse approximée très proche de la réponse théorique de la fonction de Mittag-Leffler.

Les réponses indicielles sont tracées figure 1.14 pour $\omega_u = 1$ rad/s et différentes valeurs de n.

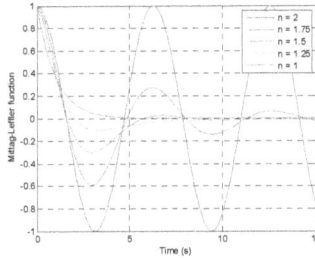

Figure 1.13 - *Fonction de Mittag-Leffler* $E_n\left(-\omega_u^n\, t^n\right)$ *en fonction du temps pour* $\omega_u =$ *1 rad/s et différentes valeurs de n*

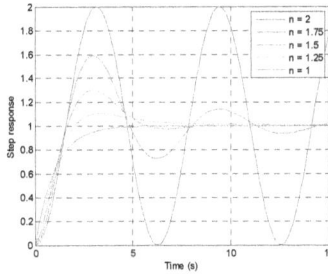

Figure 1.14 - *Réponses indicielles pour* $\omega_u = 1$ *rad/s et différentes valeurs de n*

1.3.4   Robustesse du degré de stabilité

Le tableau 1.1 résume les principales caractéristiques dynamiques du système fractionnaire de première espèce. Pour différentes valeurs incertaines de l et λ, ω_u varie et donc aussi les fréquences caractéristiques. Cependant, le degré de stabilité, mesuré à partir du facteur d'amortissement $\zeta(n)$, du facteur de résonance $Q(n)$, ou de la marge de phase $M_\phi(n)$, étant exclusivement lié à l'ordre n, ne varie pas avec l et λ, introduisant ainsi le concept de *robustesse du degré de stabilité*.

	Degré de stabilité	Fréquences caractéristiques
Domaine temporel	$\zeta(n) = -\cos\left(\dfrac{\pi}{n}\right)$	$\omega_p = \sin\left(\dfrac{\pi}{n}\right)\omega_u$

Domaine fréquentiel boucle fermée	$Q(n) = \dfrac{1}{\sin\left(n\dfrac{\pi}{2}\right)}$	$\omega_r = \left(-\cos\left(n\dfrac{\pi}{2}\right)\right)^{1/n} \omega_u$
Domaine fréquentiel boucle ouverte	$M_\Phi(n) = (2-n)\dfrac{\pi}{2}$	$\omega_u = (l\,\lambda)^{-1/n}$

Tableau 1.1 – *Principales caractéristiques dynamiques du système fractionnaire élémentaire*

La figure 1.15 illustre la robustesse du degré de stabilité dans le plan complexe avec $n = 1.5$, une fréquence au gain unité nominale $\omega_{unom} = 1$ rad/s, une fréquence au gain unité maximale $\omega_{umax} = 2\ \omega_{unom}$ et une fréquence au gain unité minimale $\omega_{umin} = 0.5\ \omega_{unom}$. Le lieu des racines fait bien apparaitre une demi-droite d'iso-amortissement, illustrant la robustesse de l'amortissement.

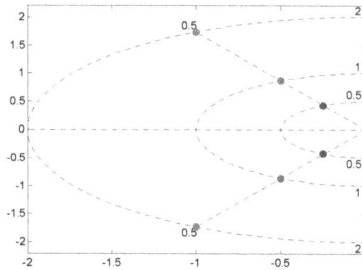

Figure 1.15 – *Illustration de la robustesse dans le plan complexe avec n = 1.5, ζ = 0.5, ω_{unom} = 1 rad/s (o), ω_{umax} = 2 ω_{unom} (o) et ω_{umin} = 0.5 ω_{unom} (o)*

La figure 1.16 illustre l'influence des variations de ω_u sur le comportement dynamique du système fractionnaire pour $n = 1.5$, $\zeta = 0.5$, $\omega_{unom} = 1$ rad/s, $\omega_{umax} = 2\ \omega_{unom}$ et $\omega_{umin} = 0.5\ \omega_{unom}$. Plus précisément, la figure 1.16.a présente les diagrammes de Bode de la boucle ouverte, la figure 1.16.b les lieux de Nichols de la boucle ouverte, la figure 1.16.c les diagrammes de gain de la boucle fermée et la figure 1.16.d les réponses indicielles.

Les variations de ω_u se traduisent par des variations de gain en boucle ouverte. C'est la raison pour laquelle tous les lieux de Nichols de la boucle ouverte sont tangents au même contour d'amplitude (figure 1.16.b). De plus, on peut observer la robustesse du facteur de résonance (figure 1.16.c) et la robustesse du premier dépassement (figure 1.16.d) lorsque ω_u varie.

En observant les figures 1.16.c et 1.16.d, on peut dire que toutes les réponses fréquentielles et temporelles se déduisent de la réponse nominale à partir d'une transformation consistant en une extension ou une contraction des axes des domaines fréquentiel et temporel.

Ainsi, $\quad\quad\quad\quad\quad \forall\, \omega_u \in [\omega_{u\min}, \omega_{u\max}], \quad \text{si} \quad \omega_u = r\, \omega_{unom}\,,$ $\quad\quad\quad$ (1.42)

où ω_{unom} est la valeur nominale de ω_u et $r \in R^{*+}$, alors

$$E_n\!\left(-\omega_u^n\, t^n\right) \approx E_n\!\left(-\left(r\,\omega_{unom}\right)^n t^n\right)$$
$$\approx E_n\!\left(-\omega_{unom}^n\, t^{*n}\right)$$

(1.43)

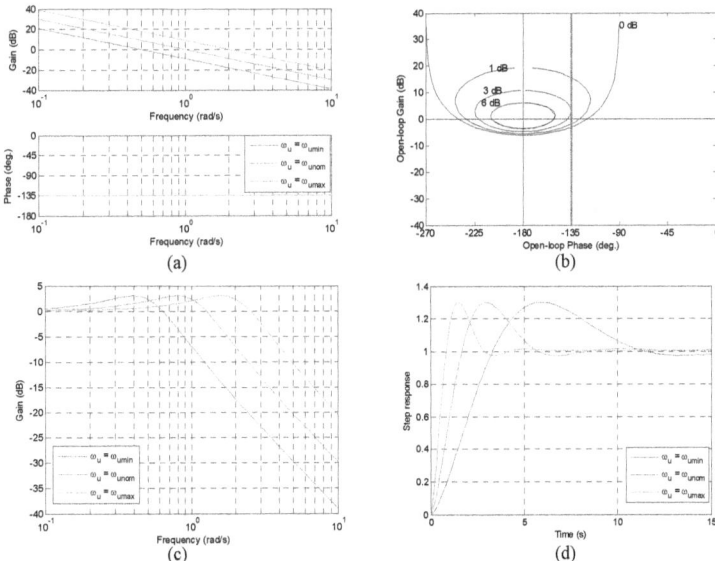

Figure 1.16 - *Illustration de la robustesse du degré de stabilité en fonction des variations de ω_u ($\omega_{unom} = 1$ rad/s; $\omega_{umin} = 0.5\ \omega_{unom}$; $\omega_{umax} = 2\ \omega_{unom}$) pour n =*
1.5

La relation montre que toutes les réponses $E_n\left(-\omega_u^n\, t^n\right)$ peuvent se déduire de la réponse $E_n\left(-\omega_{unom}^n\, t^{*n}\right)$ par extension (si $r > 1$) ou par contraction (si $0 < r < 1$) du temps. Les figures 1.17 et 1.18 illustrent cette propriété.

Ainsi, la figure 1.17 présente la fonction de Mittag-Leffler avec $n = 1.5$, $\omega_{unom} = 1$ rad/s, $\omega_{umin} = 0.5\ \omega_{unom}$ et $\omega_{umax} = 2\ \omega_{unom}$ en fonction du temps t (figure 1.17.a) et en fonction du temps normalisé $\omega_u\, t$ (figure 1.17.b).

La figure 1.18 présente $E_n\left(-\omega_{unom}^n\, t^{*n}\right)$ et $E_n\left(-\omega_{u\,min}^n\, t^n\right)$ avec $r = 0.5$, et la figure 1.18.b $E_n\left(-\omega_{unom}^n\, t^{*n}\right)$ et $E_n\left(-\omega_{u\,max}^n\, t^n\right)$ avec $r = 2$.

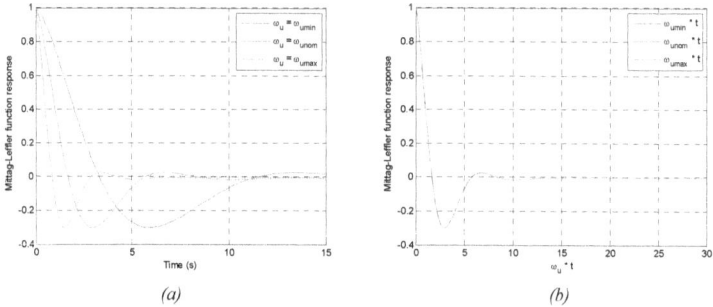

(a)   (b)

Figure 1.17 - *Fonction de Mittag-Leffler avec $n = 1.5$, $\omega_{unom} = 1$ rad/s, $\omega_{umin} = 0.5$ ω_{unom} et $\omega_{umax} = 2\ \omega_{unom}$.*

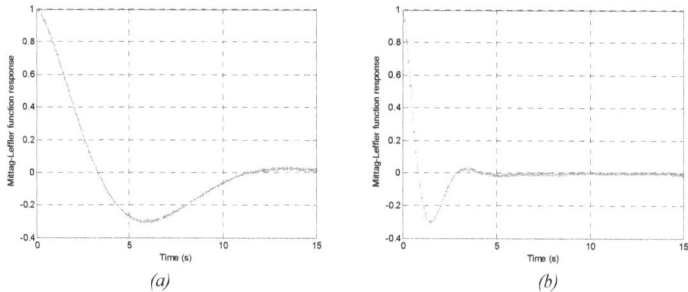

(a)   (b)

Figure 1.18 - *Fonction de Mittag-Leffler en fonction du temps avec $\omega_{unom} = 1$ rad/s et $n = 1.5$:*

-   $E_n\left(-\omega_{unom}^n\, t^{*n}\right)$ *(xxxxxx)* et $E_n\left(-\omega_{u\,min}^n\, t^n\right)$ *(————), $r = 0.5$ (a)*
-   $E_n\left[-\omega_{unom}^n\, t^{*n}\right]$ *(xxxxxx)* et $E_n\left[-\omega_{u\,max}^n\, t^n\right]$ *(————), $r = 2$ (b)*

1.3.5   Intégrateur fractionnaire borné en fréquence

Dans de nombreux domaines de la physique, ainsi que dans de nombreuses applications, les comportements fractionnaires sont observés ou synthétisés sur des intervalles bornés en fréquence [Trigeassou *et al.*, 1999] [Lin, 2001] [Cois, 2002] [Poinot *et al*, 2004] [Serrier *et al*, 2007]. C'est la raison pour laquelle la fonction de transfert en boucle ouverte

$$\beta(s) = \left(\frac{\omega_u}{s}\right)^n \tag{1.44}$$

est remplacée par une fonction de transfert bornée en fréquence *L(s)* de la forme :

$$L(s) = \frac{L_0}{s^2}\left(\frac{1+\dfrac{s}{\omega_b}}{1+\dfrac{s}{\omega_h}}\right)^m , \tag{1.45}$$

où $\omega_b \in \Re^{*+},\ \omega_h \in \Re^{*+},\ \omega_b \ll \omega_h$ et $L_0 \in \Re^{*+}$. $\tag{1.46}$

Pour obtenir le même comportement dynamique en boucle fermée, il est nécessaire de vérifier la condition suivante :

$$\left|L(j\omega_u)\right| = \left|\beta(j\omega_u)\right| = 1 . \tag{1.47}$$

En prenant ω_b et ω_h géométriquement distribuées autour de ω_u,

$$\sqrt{\omega_b\ \omega_h} = \omega_u , \tag{1.48}$$

la condition (1.47) impose $L_0 = \dfrac{\omega_u^2}{\mu^{m/2}} , \tag{1.49}$

où $\mu = \omega_h/\omega_b \gg 1$.

L'introduction de *L(s)* conduit à une fractance bornée en fréquence $G^*(s)$. Ainsi, sachant que

$$L(s) = \frac{L_0}{s^2}\left(\frac{1+\dfrac{s}{\omega_b}}{1+\dfrac{s}{\omega_h}}\right)^m = G^*(s)\frac{1}{l\,s}, \tag{1.50}$$

$G^*(s)$ est définie par
$$G^*(s) = \frac{G_0}{s} \left(\frac{1 + \dfrac{s}{\omega_b}}{1 + \dfrac{s}{\omega_h}} \right)^m,$$
(1.51)

où $G_0 = L_0\, l$.

Dans un contexte général, la relation (1.51) définit un intégrateur fractionnaire borné en fréquence. La figure 1.19 présente les diagrammes de Bode de $G(s)$ (figure 1.19.a) et $G^*(s)$ (figure 1.19.b), pour différentes valeurs de $n = 2 - m$.

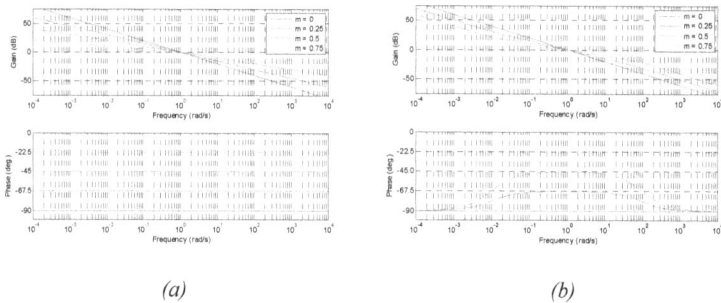

(a)   *(b)*

Figure 1.19 - *Diagrammes de Bode de $G(s)$ (a) et $G^*(s)$ (b) pour différentes valeurs de n=2-m*

Le caractère borné en fréquence de l'intégrateur fractionnaire ne modifie en rien le comportement dynamique du système fractionnaire élémentaire dès l'instant où la fréquence au gain unité en boucle ouverte, ω_u, appartient à la plage fréquentielle où le comportement non entier est présent.

Afin d'illustrer ces propos, considérons l'exemple numérique suivant :

- pour l'élément I, l_{nom} = 1 SI (Unité du Système International) ;

- pour le comportement dynamique du système fractionnaire :

$$\begin{cases} \zeta = 0.25 \\ \omega_{unom} = 1\,rad/s \\ \omega_u \in [0.5\,\omega_{unom}\,,\,2\,\omega_{unom}] \end{cases}$$
(1.52)

A partir de ces données, l'ordre $n = 1.75$ est déduit (voir figure 1.8) et le système fractionnaire est entièrement défini comme le précise le tableau 1.2. ω_{pnom} représente la fréquence propre nominale et ω_{rnom} la fréquence nominale de résonance.

	Degré de stabilité	Fréquences caractéristiques
Domaine temporel	$\zeta(1.75) = 0.25$	$\omega_{pnom} = 0.975\,rad\,/\,s$
Domaine fréquentiel boucle fermée	$Q(1.75) = 2.613$	$\omega_{rnom} = 0.528\,rad\,/\,s$
Domaine fréquentiel boucle ouverte	$M_{\Phi}(1.75) = 22.5°$	$\omega_{unom} = 1\,rad\,/\,s$

Tableau 1.2 – Caractéristiques dynamiques du système fractionnaire

Tous les paramètres et toutes les fonctions de transfert de cet exemple sont résumés dans le tableau 1.3.

	Paramètres	Fonctions de transfert
Boucle fermée idéale	$\omega_{unom} = 1\,rad\,/\,s$ $n = 1.75$	$H(s) = \dfrac{1}{1 + s^{1.75}}$
Boucle ouverte idéale	$\omega_{unom} = 1\,rad\,/\,s$ $n = 1.75$	$\beta(s) = \dfrac{1}{s^{1.75}}$
Fractor idéal	$m = 2 - n = 0.25$ $\lambda_{nom} = 1\,SI$	$G(s) = \dfrac{1}{s^{0.75}}$
Boucle ouverte bornée en fréquence	$\omega_b = 10^{-2}\,rad\,/\,s,\,\omega_h = 10^{2}\,rad\,/\,s$ $a = 10^4$ $K_{nom} = 0.3162\,SI$	$L(s) = \dfrac{0.3162}{s^2}\left(\dfrac{1 + \dfrac{s}{0.01}}{1 + \dfrac{s}{100}}\right)^{0.25}$
Fractor borné en fréquence	$G_{0nom} = K_{nom}\,l_{nom} = 0.3162\,SI$	$G^{*}(s) = \dfrac{0.3162}{s}\left(\dfrac{1 + \dfrac{s}{0.01}}{1 + \dfrac{s}{100}}\right)^{0.25}$

Tableau 1.3 – Paramètres et fonctions de transfert

La figure 1.20 présente les réponses nominales du système fractionnaire obtenues avec le *fractor* idéal (en bleu) et le *fractor* borné en fréquence (en rouge). Plus précisément, les diagrammes de Bode de la boucle ouverte sont présentés figure 1.20.a; les lieux de Nichols figure 1.20.b; les diagrammes de gain de la boucle fermée figure 1.20.c et les réponses indicielles de $e_\lambda(t)$ figure 1.20.d.

Il est important de noter l'excellente superposition des réponses fréquentielles (figure 1.20.c) et indicielles (figure 1.20.d) de la boucle fermée obtenues avec le *fractor* idéal (en bleu) et le *fractor* borné en fréquence (en rouge).

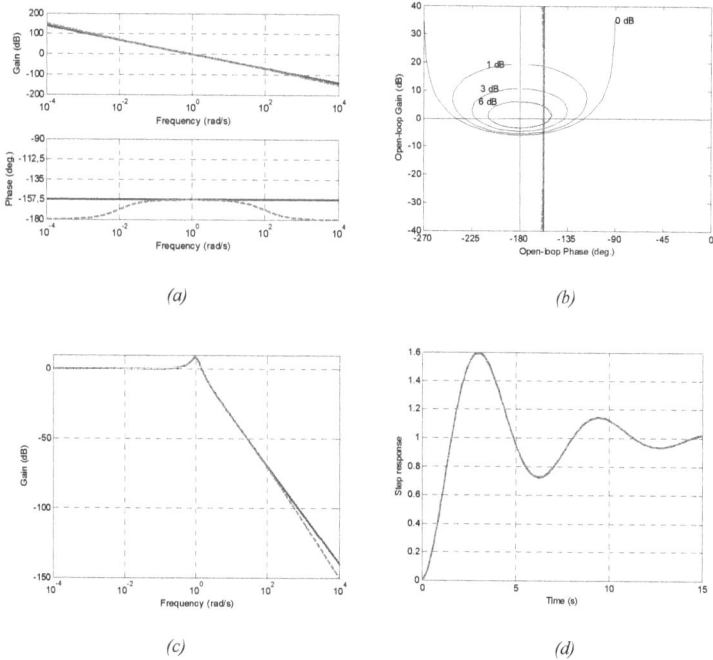

(a)   (b)

(c)   (d)

Figure 1.20 - *Comparaison des réponses du système fractionnaire obtenues avec le fractor idéal (en bleu) et le fractor borné en fréquence (en rouge): diagrammes de Bode de la boucle ouverte (a); lieux de Nichols de la boucle ouverte (b); diagrammes de gain de la boucle fermée (c) et les réponses indicielles $e_\lambda(t)$ (d)*

1.4 Exemples d'intégrateurs fractionnaires

1.4.1 Systèmes à paramètres distribués

D'une manière générale, la mise en équation des phénomènes de diffusion associés aux systèmes à paramètres distribués conduit naturellement aux SDNE [Podlubny *et al.*, 2002]. Les exemples sont nombreux dans les domaines de la physique tels que l'électrochimie [Kuhn *et al.*, 2005], l'électromagnétisme [Benchellal *et al.*, 2005] [Canat *et al.*, 2005], ou encore la thermique [Agrawal, 2004] [Battaglia *et al.*, 2001] [Kusiak *et al.*, 2005].

A titre d'illustration, considérons un milieu semi-infini mono-dimensionnel homogène, de conductivité λ, de diffusivité α et de température initiale nulle en tout point (figure 1.21). Il est soumis à une densité de flux $\varphi(t)$ sur la surface normale sortante $\vec{n}$. Il en résulte une variation de température, notée $T(x,t)$, fonction du temps t et de l'abscisse x du point de mesure de température à l'intérieur du milieu.

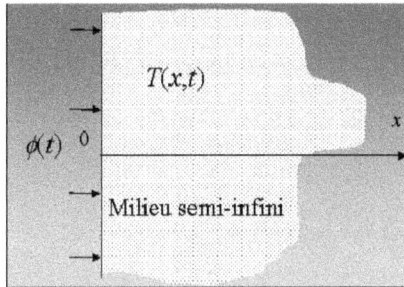

Figure 1.21 – *Exemple d'illustration en thermique d'un phénomène de diffusion dans un milieu semi-infini*

Le transfert de chaleur est régi par le système d'équations aux dérivées partielles :

$$\begin{cases} \dfrac{\partial T(x,t)}{\partial t} = \alpha \dfrac{\partial^2 T(x,t)}{\partial x^2}, \ 0 < x < \infty, \ t > 0 \\[2mm] -\lambda \dfrac{\partial T(x,t)}{\partial x} = \varphi(t), \ x = 0, \ t > 0 \\[2mm] T(x,t) = 0, \ 0 \le x < \infty, \ t = 0 \end{cases} \qquad (1.53)$$

La transformation de Laplace de la première équation conduit à :

$$\frac{\partial^2 \overline{T}(x,s)}{\partial x^2} - \frac{s}{\alpha} \overline{T}(x,s) = 0, \quad \text{où } \overline{T}(x,s) = \mathsf{L}\{T(x,t)\}, \tag{1.54}$$

relation qui définit une équation différentielle par rapport à la variable x, dont la solution est immédiate et s'exprime par :

$$\overline{T}(x,s) = K_1(s) e^{-x\sqrt{s/\alpha}} + K_2(s) e^{x\sqrt{s/\alpha}}. \tag{1.55}$$

La prise en compte des conditions aux limites dictées par les deux autres équations du système (1.53) permet d'établir un transfert de la forme :

$$H(x,s) = \frac{\overline{T}(x,s)}{\overline{\varphi}(s)} = \frac{1}{\sqrt{s}\sqrt{\lambda \rho C_p}} e^{-x\sqrt{s/\alpha}}, \tag{1.56}$$

où ρ et C_p sont des constantes.

Dans le cas où $x = 0$, le transfert (1.56) n'est autre que l'impédance d'entrée $Z_e(s)$ qui se réduit alors à :

$$Z_e(s) = \frac{\overline{T}(0,s)}{\overline{\varphi}(s)} = \frac{1}{\sqrt{s}\sqrt{\lambda \rho C_p}}, \tag{1.57}$$

qui, dans le domaine temporel (les conditions initiales étant nulles), se traduit par :

$$T(0,t) = \frac{1}{\sqrt{\lambda \rho C_p}} \, _0 I_t^{0.5} \varphi(t), \tag{1.58}$$

relation qui exprime un résultat bien connu à travers lequel l'impédance thermique d'entrée d'un milieu semi-infini plan est définie par un intégrateur d'ordre 0.5. Ce résultat permet d'exprimer analytiquement la température $T(0,t)$ uniquement en fonction de l'intégrale d'ordre 0.5 du flux $\varphi(t)$.

Dans le cas des milieux finis tridimensionnels, la géométrie introduit des effets de bord qui conduisent, aussi bien dans le cas d'une approche théorique [Cois, 2002] avec un modèle de connaissance, que dans le cas d'une approche expérimentale avec un modèle de comportement [Cois, 2002], à une impédance d'entrée $Z_e(s)$ de la forme

$$Z_e(s) = \frac{\overline{T}(0,s)}{\overline{\varphi}(s)} = \frac{b_0 + b_1 s^{0.5} + \dots + b_N s^{0.5N}}{1 + a_1 s^{0.5} + \dots + a_M s^{0.5M}} \tag{1.59}$$

qui, dans le domaine temporel (les conditions initiales étant nulles), se traduit par une équation différentielle dans laquelle apparaissent des dérivées dont les ordres sont multiples de 0.5, soit :

$$T(0,t) + a_1 D^{0.5}T(0,t) + ... + a_M D^{0.5M}T(0,t) = b_0 \varphi(t) + b_1 D^{0.5}\varphi(t) + ... + b_N D^{0.5N}\varphi(t) \quad ,$$

$$(1.60)$$

où D représente l'opérateur de différentiation, N et M étant des entiers positifs.

1.4.2   Systèmes à paramètres localisés

Que le caractère localisé des paramètres d'un système résulte d'une discrétisation spatiale (méthode des éléments finis), ou d'une réelle localisation des éléments d'un circuit ou d'un réseau (électrique : figure 1.22 ; mécanique : figure 1.23 ; hydraulique : figure 1.24 ;...), le lien avec les SDNE a fait l'objet de nombreux travaux [Oustaloup, 1995].

Les éléments capacitifs (condensateur en technologique électrique, ressorts en mécanique et accumulateurs en hydraulique) sont désignés par la lettre C dans les figures 1.22, 1.23 et 1.24 et dans l'ensemble de cette thèse. Les éléments résistifs (résistance électrique, amortisseur et résistance hydraulique) sont désignés par la lettre R.

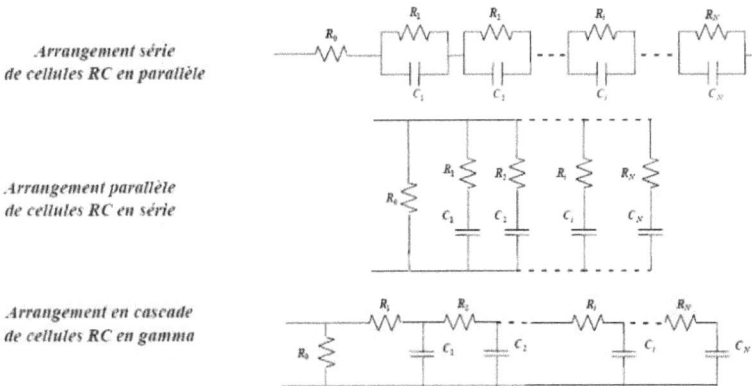

Figure 1.22 - *Exemples d'arrangements de réseaux RC électriques*

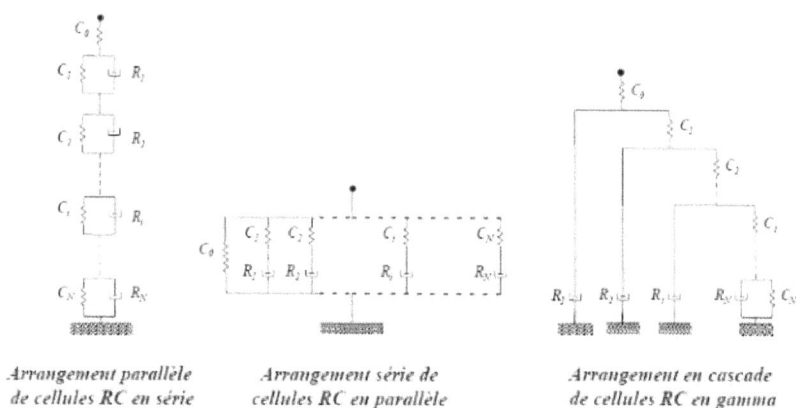

Arrangement parallèle   *Arrangement série de*   *Arrangement en cascade*
de cellules RC en série   *cellules RC en parallèle*   *de cellules RC en gamma*

Figure 1.23 - *Exemples d'arrangements de réseaux RC mécaniques*

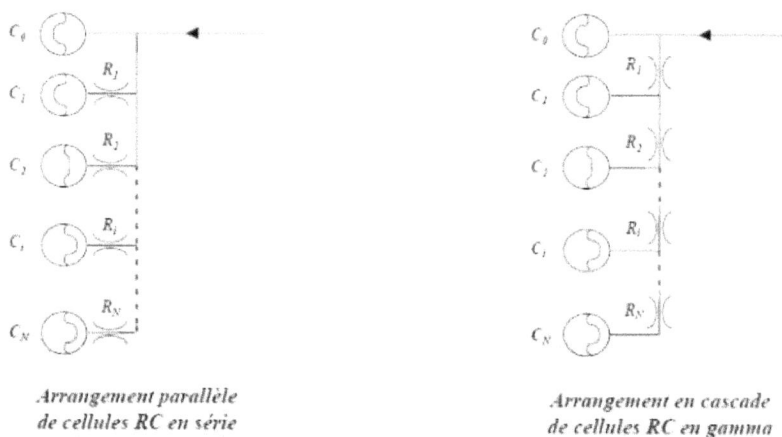

Arrangement parallèle   *Arrangement en cascade*
de cellules RC en série   *de cellules RC en gamma*

Figure 1.24 - *Exemples d'arrangements de réseaux RC hydropneumatiques*

A titre d'illustration, considérons de nouveau l'exemple thermique d'un milieu cette fois-ci fini mono-dimensionnel homogène de longueur L, de conductivité λ, de diffusivité α et de température initiale nulle en tout point (figure 1.25). Il est soumis à une densité de flux $\varphi(t)$ sur la surface normale sortante $\bar{n}$. Il en résulte une variation de température, notée $T(x,t)$, fonction du temps t et de l'abscisse x du point de mesure de température à l'intérieur du milieu.

Ce milieu fini fait l'objet d'une discrétisation spatiale à pas constant Δx conduisant à N tranches identiques, où $N = L/\Delta x$. Chacune de ces tranches étant le siège de phénomènes capacitifs et dissipatifs, une cellule RC en gamma lui est associée, d'où le réseau thermique de la figure 1.26 constitué d'un arrangement cascade de N cellules RC identiques en gamma [Poinot et al., 2004].

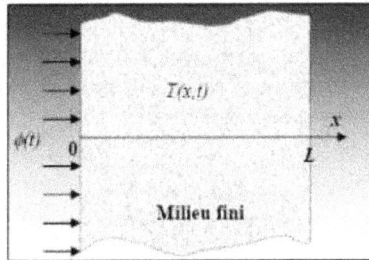

Figure 1.25 - *Exemple d'illustration d'un milieu fini faisant l'objet d'une discrétisation spatiale à pas constant Δx*

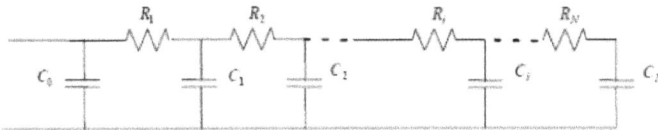

Figure 1.26 - *Réseau thermique constitué d'un arrangement cascade de N cellules RC identiques en gamma et associé à la discrétisation du milieu fini de la figure 1.25*

La mise en équation de ce réseau thermique conduit à une impédance d'entrée $Z_e(s)$ de la forme :

$$Z_e(s) = \cfrac{1}{C_0\,s + \cfrac{1}{R_1 + \cfrac{1}{C_1\,s + \cfrac{1}{R_2 + \cfrac{1}{\cfrac{1}{\ldots\ldots\ldots\ldots}}}}}} \qquad \cfrac{1}{C_{N-1}\,s + \cfrac{1}{R_N + \cfrac{1}{C_N\,s}}} \qquad (1.61)$$

La figure 1.27 présente la réponse fréquentielle $Z_e(j\omega)$ de l'impédance d'entrée du réseau thermique. Deux comportements apparaissent clairement : un comportement intégrateur d'ordre 1 (effet capacitif) aux basses et hautes fréquences, et un comportement intégrateur d'ordre 0.5 aux moyennes fréquences.

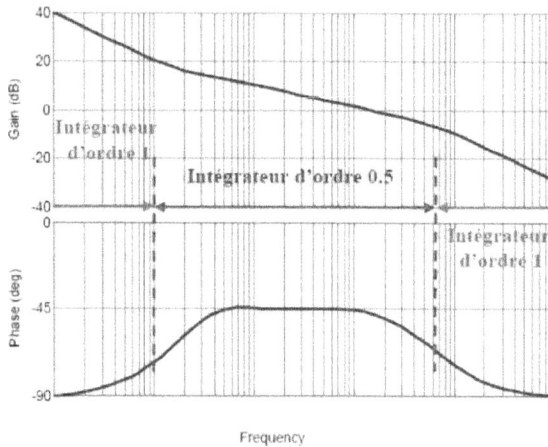

Figure 1.27 - *Réponse fréquentielle $H_N(0,j\omega)$ de l'impédance d'entrée du réseau thermique*

L'impédance d'entrée peut être caractérisée par un modèle de comportement de la forme [Cois, 2002] [Poinot *et al.*, 2004].

$$I_e(s) = \frac{D_0}{s} \left(\frac{1 + \dfrac{s}{\omega_b}}{1 + \dfrac{s}{\omega_h}} \right)^m , \qquad (1.62)$$

où ω_b et ω_h sont des fréquences transitionnelles basse et haute, D_0 une constante et où $m = 0.5$.

Ainsi, l'expression (1.62) permet avec 4 paramètres (m, D_0, ω_b et ω_h) de caractériser le comportement du réseau thermique composé de $N+1$ capacités C et N résistances R, soit un total de $2N+1$ paramètres, N étant d'autant plus important que L est grand et que Δx est petit. Ce résultat met bien en avant la propriété de compacité ou de parcimonie paramétrique que présente l'opérateur de dérivation non entière. Il est vrai que l'impédance résultant d'une discrétisation spatiale se présente sous la forme d'un modèle entier de très grande dimension.

En posant :

$$D(s) = s\, I_e(s), \qquad (1.63)$$

l'expression (1.63) permet d'introduire la notion de dérivateur d'ordre non entier borné en fréquence [Oustaloup, 1995], soit :

$$D(s) = D_0 \left(\frac{1 + \dfrac{s}{\omega_b}}{1 + \dfrac{s}{\omega_h}} \right)^m , \qquad (1.64)$$

dont la réponse fréquentielle dans le cadre de l'exemple thermique traité dans ce paragraphe est donnée figure 1.28.

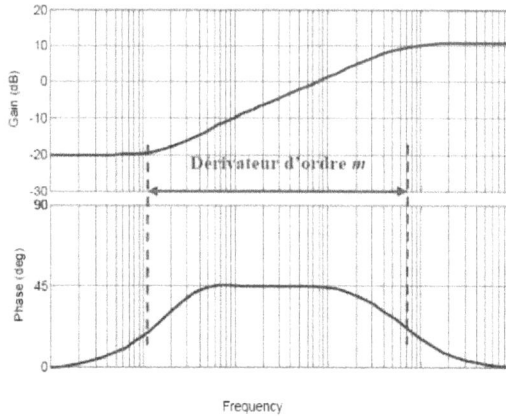

Figure 1.28 *- Réponse fréquentielle D(jω) du dérivateur d'ordre non entier borné en*
fréquence associé au réseau thermique

1.5 Conclusion

Si l'extension de la notion d'ordre de dérivation au corps des réels et des complexes date du XIXème siècle, l'application de la dérivation non entière est plus récente puisqu'elle date de la 2ème partie du XXème siècle. En effet, pendant longtemps, ce nouvel opérateur a été considéré par les physiciens comme un concept mathématique sans application possible pour les sciences physiques. Aujourd'hui son application, notamment en sciences pour l'ingénieur, s'avère significative et largement répandue dans des domaines aussi variés que la mécanique, l'automatique [A.Z.Daou *et al.*, 2010.b] [A.Z.Daou *et al.*, 2010.c] [Moreau *et al.*, 2010.b], la thermique, l'électrochimie, ...

C'est dans ce contexte que s'inscrit ce premier chapitre avec les définitions et les interprétations de l'intégration et de la dérivation d'ordre non entier. De plus, l'étude proposée de la dynamique d'un SDNE de 1ère espèce met bien en évidence les propriétés les plus remarquables d'un tel système, notamment la robustesse du degré de stabilité vis-à-vis des variations du gain de boucle. Enfin, les exemples d'intégrateurs fractionnaires montrent bien que l'intégration et la dérivation d'ordre non entier ne sont pas seulement des concepts mathématiques résultant d'une volonté de généralisation.

Le chapitre suivant s'inscrit dans la continuité de celui-ci avec la synthèse d'un intégrateur fractionnaire borné en fréquence.

Chapitre 2   – Synthèse d'un intégrateur non entier borné en fréquence

2.1 Introduction

Ce chapitre traite de la synthèse d'un intégrateur d'ordre non entier borné en fréquence. La première partie est consacrée à une méthode utilisant le lien avec les systèmes à paramètres localisés. Le point de départ de la méthode est la synthèse fondée sur la récursivité fréquentielle. Ainsi, à partir des quatre paramètres de synthèse de haut niveau qui caractérisent un tel intégrateur, les N pôles et les N zéros de l'approximation sont calculés conformément à la méthode d'Oustaloup [Oustaloup, 1995]. Ensuite, la réalisation à partir de deux arrangements de cellules résistives R et capacitives C est développée de manière analytique indépendamment de tout contexte applicatif. Les relations entre les N pôles et les N zéros, d'une part, et les N éléments résistifs R et les $N+1$ éléments capacitifs C, d'autre part, sont établies. Le principal résultat est que la récursivité fréquentielle conduit à une distribution récursive des R et des C (récursivité systémique) pour l'un des arrangements, et à une distribution quelconque pour l'autre.

La deuxième partie propose une démarche inverse à la précédente. En effet, dans certaines applications, il n'est pas possible de disposer d'une distribution des valeurs des éléments R et C. Une alternative consiste à utiliser des cellules RC identiques à l'exception de la première cellule C_0 à l'entrée qui est purement capacitive. Cette cellule C_0 joue un rôle essentiel dans la réalisation d'un comportement non entier surtout avec un nombre N réduit de cellules. Ainsi, le principal intérêt sur le plan pratique est l'utilisation, non seulement de cellules RC *identiques,* mais aussi d'un *nombre faible* de cellules grâce, notamment, à la présence de cette cellule C_0 en entrée dont la valeur optimale garantit le comportement non entier sur une décade. Contrairement à la méthode précédente où tous les comportements d'ordre non entier compris entre 0 et 1 sont réalisables *a priori*, cette seconde méthode conduit *a posteriori* à un ordre seulement compris entre 0.5 et 0.6. La valeur précise de l'ordre non entier dépend directement du nombre de cellules N et surtout de la valeur optimale de C_0, offrant ainsi moins de degrés de liberté dans le choix de l'ordre. Un exemple d'illustration est ensuite proposé avec $N = 4$ et $C_0 = C/6$, conduisant à un comportement d'ordre 0.578 sur une décade. Ce résultat est comparé avec le comportement d'ordre 0.5 obtenu lui aussi sur une décade mais avec $N = 100$.

Enfin, la troisième partie traite de l'analyse du comportement dynamique du SDNE de $1^{\text{ère}}$ espèce défini au chapitre 1 où le fractor est remplacé par une approximation à base d'un réseau RC. L'objectif de cette analyse est double :

- d'abord comparer les comportements dynamiques obtenus, d'une part, avec un fractor et, d'autre part, avec son approximation par un réseau de N cellules RC ;
- ensuite étudier les comportements en régime forcé, puis en régime libre.

Remarque

    Comme au chapitre 1, l'étude se voulant générique, aucun domaine de la physique n'est privilégié, d'où l'emploi d'une terminologie générale en ce qui concerne les variables de puissance, à savoir le flux généralisé f(t) (vitesse, courant, débit, flux thermique,...) et l'effort généralisé e(t) (force, tension, pression, température,...), et ce telles qu'elles sont définies dans l'approche Bond-Graph.

    Néanmoins, conscient que tous les lecteurs ne sont pas nécessairement familiarisés avec l'approche Bond-Graph, les schémas retenus pour représenter ces systèmes relèvent plus des schémas « électriques » respectant l'analogie énergétique, et ce dans la mesure où la lecture de ces schémas est plus abordable pour un non spécialiste que ne le sont les schémas Bond-Graph [A.Z.Daou et al., 2009.a].

2.2   Méthode descendante : du concept à la réalisation

    L'expression de l'intégrateur d'ordre non entier borné en fréquence introduit au chapitre 1, soit :

$$I(s) = \frac{D_0}{s} \left(\frac{1 + \dfrac{s}{\omega_b}}{1 + \dfrac{s}{\omega_h}} \right)^m , \tag{2.1}$$

traduit (figure 2.1) un comportement intégrateur d'ordre
- 1 aux basses et hautes fréquences,
- $(1 - m)$ aux moyennes fréquences.

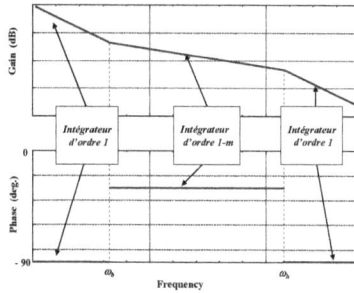

Figure 2.1 - *Diagrammes asymptotiques de Bode d'un intégrateur non entier borné en fréquence*

Dans [Aoun *et al.*, 2004], [Podlubny *et al.*, 2002], [A.Z.Daou *et al.*, 2009.b] et [A.Z.Daou *et al.*, 2009.c], un tour d'horizon de plusieurs méthodes de synthèse d'un intégrateur d'ordre non entier est proposé. Parmi ces méthodes, la méthode d'Oustaloup [Oustaloup, 1995] fondée sur la récursivité fréquentielle présente l'avantage d'une grande simplicité de mise en œuvre. Cette méthode qui conduit à une excellente précision quant aux résultats obtenus, est le point de départ de la méthode descendante présentée dans la suite de ce paragraphe.

2.2.1   Synthèse fondée sur la récursivité fréquentielle

La synthèse repose sur une distribution récursive de N zéros et N pôles réels, soit :

$$I(s) = \lim_{N \to \infty} I_N(s), \tag{2.2}$$

avec

$$I_N(s) = \frac{D_0}{s} \prod_{i=1}^{N} \left(\frac{1 + \dfrac{s}{\omega_i'}}{1 + \dfrac{s}{\omega_i}} \right), \tag{2.3}$$

où les relations de passage entre les paramètres de la forme idéale *I(s)* et ceux de la forme réelle *I_N(s)* sont données par [Oustaloup, 1995] :

$$\alpha \eta = \left(\frac{\omega_h}{\omega_b}\right)^{\frac{1}{N}}, \quad \eta = (\alpha \eta)^{1-m}, \quad \alpha = (\alpha \eta)^m,$$

$$\omega_1' = \sqrt{\eta}\, \omega_b, \quad \omega_N = \frac{1}{\sqrt{\eta}}\, \omega_h, \quad \frac{\omega_i}{\omega_i'} = \alpha > 1, \qquad (2.4)$$

$$\frac{\omega_{i+1}'}{\omega_i} = \eta > 1 \quad \text{et} \quad \frac{\omega_{i+1}'}{\omega_i'} = \frac{\omega_{i+1}}{\omega_i} = \alpha\eta > 1 \; .$$

où α et η sont appelés facteurs récursifs.

Dans un contexte de simulation numérique d'un SDNE, cette forme réelle se prête bien à une représentation d'état. Le lecteur intéressé trouvera dans [Aoun et al., 2004] et [Poinot et al., 2005] tous les détails nécessaires à sa mise en œuvre.

2.2.2 Réalisation à l'aide d'un arrangement de cellules ZY

La réalisation d'un intégrateur d'ordre non entier borné en fréquence utilise ici le lien avec les systèmes à paramètres localisés. Une fois de plus, l'approche Bond-Graph est utilisée puisque l'étude n'est pas réservée à un domaine spécifique de la physique.

Ainsi, la figure 2.2 présente un système à paramètres localisés constitué de $N+1$ cellules. Chaque cellule comporte une impédance Z_i et une admittance Y_i, ces dernières pouvant être des combinaisons ou arrangements d'éléments capacitifs C et résistifs R. Quant aux notations $F(s)$ et $E(s)$, elles désignent les transformées de Laplace des flux $f(t)$ et des efforts $e(t)$ généralisés, les indices e et s dénotant l'entrée et la sortie du système.

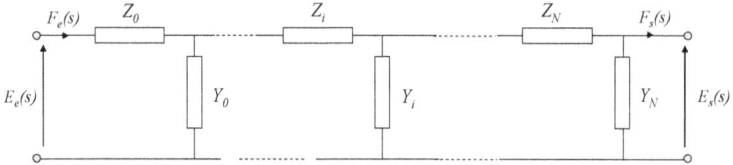

Figure 2.2 – *Système à paramètres localisés représenté sous la forme d'un arrangement de cellules ZY : les Z_i représentent des impédances et les Y_i des admittances*

Afin de faciliter la mise en équation de ces arrangements (notamment pour établir les expressions analytiques de leurs impédances d'entrée $Z_e(s)$), une approche matricielle est retenue. Ainsi, pour une cellule de rang i (figure 2.3) considérée séparément, les relations entrée/sortie entre les variables de puissance sont de la forme

$$\begin{pmatrix} E_{ei}(s) \\ F_{ei}(s) \end{pmatrix} = [T_i] \begin{pmatrix} E_{si}(s) \\ F_{si}(s) \end{pmatrix}, \tag{2.5}$$

où $[T_i]$ désigne la matrice de transfert de la cellule i dont l'expression est donnée par :

$$[T_i] = \begin{bmatrix} 1 + Y_i(s)\, Z_i(s) & Z_i(s) \\ Y_i(s) & 1 \end{bmatrix}. \tag{2.6}$$

L'impédance d'entrée $Z_{ei}(s)$ de la cellule i (extraite de son environnement et connectée à une charge infinie, d'où un flux généralisé nul en sortie) est donnée par le rapport entre le premier terme diagonal $(1+Y_i(s)\, Z_i(s))$ et le terme non diagonal $Y_i(s)$ de la $2^{\text{ème}}$ ligne-$1^{\text{ère}}$ colonne, soit :

$$Z_{ei}(s) = \frac{E_{ei}(s)}{F_{ei}(s)}\bigg|_{F_{st}=0} = \frac{1 + Y_i(s)\,Z_i(s)}{Y_i(s)}. \tag{2.7}$$

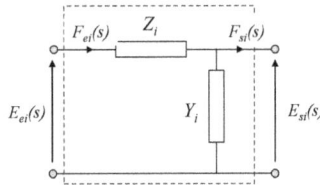

Figure 2.3 – *Représentation schématique d'une cellule de rang i avec ses variables de puissance*

La matrice globale de transfert [T] du système est obtenue en faisant le produit des $N+1$ matrices locales [T_i], soit :

$$[T] = \prod_{i=0}^{N}[T_i] = \begin{bmatrix} a_{11}(s) & a_{12}(s) \\ a_{21}(s) & a_{22}(s) \end{bmatrix}, \tag{2.8}$$

d'où il est facile d'extraire l'impédance d'entrée $Z_e(s)$, soit :

$$Z_e(s) = \frac{E_e(s)}{F_e(s)}\bigg|_{F_s=0} = \frac{a_{11}(s)}{a_{21}(s)}. \tag{2.9}$$

Cette approche matricielle (équation (2.8)) fait apparaître naturellement un processus itératif pour $i = 1$ à N (initialisé avec l'expression de la matrice de transfert pour $i = 0$), auquel on peut associer un processus de croissance du réseau (figure 2.4). A chaque itération, l'impédance d'entrée peut être calculée, et ses réponses fréquentielle et impulsionnelle tracées, facilitant ainsi l'analyse de la contribution de chaque cellule quant au comportement non entier souhaité.

L'avantage de cette approche par rapport à la première méthode où l'impédance d'entrée pour l'arrangement est calculée d'une manière itérative (voir relation 1.61) est que, lors d'un changement d'une résistance ou d'une capacité, le calcul doit se répéter entièrement pour le premier cas tandis que, pour le second cas, le calcul de la matrice de la cellule i où le composant a changé est fait seulement. Ainsi, la seconde approche est plus rapide pour le recalcul au cas où quelques valeurs des composants R ou C sont incertaines.

La suite du paragraphe est consacrée à la réalisation d'un intégrateur d'ordre non entier borné en fréquence à l'aide de deux arrangements particuliers, à savoir un arrangement parallèle de cellules RC en série et un arrangement cascade de cellules RC en gamma.

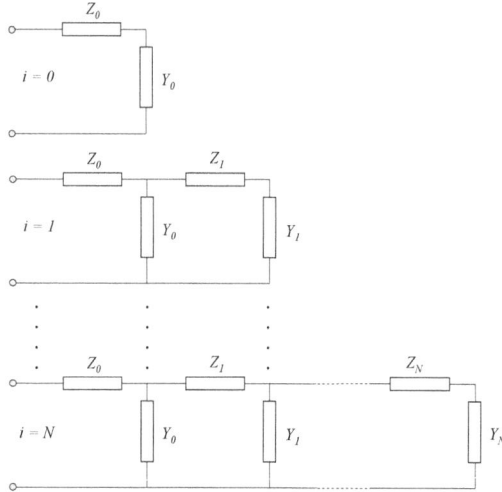

Figure 2.4 – *Illustration du processus de croissance du réseau associé au processus itératif du calcul matriciel de l'impédance d'entrée*

2.2.2.1 Réalisation à l'aide d'un arrangement parallèle de cellules RC série

La figure 2.5 présente un réseau constitué d'un arrangement parallèle de $N+1$ cellules RC en série. Dans ce cas particulier, les Z_i et Y_i de la figure 2.2 ont pour expression :

$$\begin{cases} Z_i(s) = 0 & \forall\, i \in [0\,;N] \\ Y_i(s) = \dfrac{C_i\, s}{1 + R_i C_i\, s} & \forall\, i \in \,]0\,;N]\quad , \\ Y_0(s) = C_0\, s \end{cases} \tag{2.10}$$

chaque matrice $[T_i]$ se résumant à

$$[T_i] = \begin{bmatrix} 1 & 0 \\ Y_i(s) & 1 \end{bmatrix}. \tag{2.11}$$

La matrice de transfert $[T]$ du réseau est alors donnée par :

$$[T] = \begin{bmatrix} 1 & 0 \\ \sum_{i=0}^{N} Y_i(s) & 1 \end{bmatrix}. \tag{2.12}$$

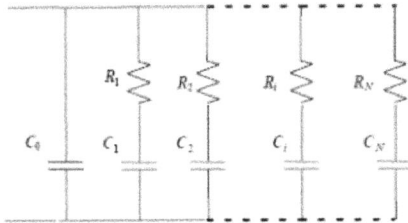

Figure 2.5 – *Réseau constitué d'un arrangement parallèle de N+1 cellules RC en série*

Finalement, l'impédance d'entrée $Z_e(s)$ est de la forme :

$$Z_e(s) = \cfrac{1}{C_0 s + \sum_{i=1}^{N} \left(\cfrac{C_i s}{1 + R_i C_i s} \right)}, \tag{2.13}$$

ou encore, en introduisant les fréquences transitionnelles $\omega_{zi} = 1/R_i C_i$,

$$Z_e(s) = \cfrac{1}{C_0 s + \sum_{i=1}^{N} \left(\cfrac{C_i s}{1 + \cfrac{s}{\omega_{zi}}} \right)}. \tag{2.14}$$

Afin d'établir les relations entre les paramètres physiques (R_i et C_i) et la distribution récursive des fréquences transitionnelles (ω_i et ω_i'), l'inverse de l'impédance $Z_e(s)$

$$Z_e^{-1}(s) = C_0 s + \sum_{i=1}^{N} \left(\cfrac{C_i s}{1 + \cfrac{s}{\omega_{zi}}} \right), \tag{2.15}$$

est interprété comme étant la décomposition en éléments simples de l'inverse de la relation (2.3), soit :

$$I_N^{-1}(s) = \frac{s}{D_0} \prod_{i=1}^{N} \left(\frac{1 + \dfrac{s}{\omega_i'}}{1 + \dfrac{s}{\omega_i}} \right), \tag{2.16}$$

dont la décomposition en éléments simples est donnée par :

$$I_N^{-1}(s) = \frac{s}{D_0} \prod_{i=1}^{N} \left(\frac{\omega_i'}{\omega_i} \right) + \sum_{i=1}^{N} \left(\frac{a_i s}{1 + \dfrac{s}{\omega_i'}} \right), \tag{2.17}$$

avec
$$a_i = \frac{1}{D_0} \left(\frac{\displaystyle\prod_{l=1}^{N} \left(1 - \frac{\omega_l'}{\omega_l} \right)}{\displaystyle\prod_{\substack{l=1 \\ l \neq i}}^{N} \left(1 - \frac{\omega_i'}{\omega_l'} \right)} \right). \tag{2.18}$$

    L'identification membre à membre des relations (2.15) et (2.17) permet de déterminer les paramètres physiques R_i et C_i, soit :

$$C_0 = \frac{1}{D_0} \prod_{i=1}^{N} \left(\frac{\omega_i'}{\omega_i} \right), \quad C_i = a_i \quad \text{et} \quad R_i = \frac{1}{C_i \, \omega_i'}. \tag{2.19}$$

Sachant que (relation (2.4))

$$\frac{\omega_i'}{\omega_i} = \frac{1}{\alpha}, \tag{2.20}$$

l'expression de C_0 se réduit à

$$C_0 = \frac{1}{D_0} \frac{1}{\alpha^N}. \tag{2.21}$$

    De la même manière, sachant que (relation (2.4))

$$\frac{\omega_i'}{\omega_l'} = (\alpha\eta)^{i-l} \quad \text{et} \quad \frac{\omega_i'}{\omega_l} = \frac{(\alpha\eta)^{i-l}}{\alpha}, \tag{2.22}$$

l'expression de C_i se réduit à

$$C_i = \frac{1}{D_0} \left(\frac{\displaystyle\prod_{l=1}^{N} \left(1 - \frac{(\alpha\eta)^{i-l}}{\alpha} \right)}{\displaystyle\prod_{\substack{l=1 \\ l \neq i}}^{N} \left(1 - (\alpha\eta)^{i-l} \right)} \right). \tag{2.23}$$

Le rapport de deux capacités successives C_{i+1}/C_i s'exprime alors uniquement en fonction des facteurs récursifs α et η, soit :

$$\frac{C_{i+1}}{C_i} = \frac{\left(1 - \alpha^{i-1}\, \eta^i\right)\left(1 - \dfrac{1}{(\alpha\eta)^{N-i}}\right)}{\left(1 - \dfrac{1}{\alpha\,(\alpha\eta)^{N-i}}\right)\left(1 - (\alpha\eta)^i\right)}. \tag{2.24}$$

De la même manière, compte tenu de la relation (2.19) concernant les résistances R_i, le rapport de deux résistances successives R_{i+1}/R_i s'exprime lui aussi uniquement en fonction des facteurs récursifs α et η, soit :

$$\frac{R_{i+1}}{R_i} = \frac{1}{\alpha\eta}\,\frac{\left(1 - \dfrac{1}{\alpha\,(\alpha\eta)^{N-i}}\right)\left(1 - (\alpha\eta)^i\right)}{\left(1 - \dfrac{1}{(\alpha\eta)^{N-i}}\right)\left(1 - \alpha^{i-1}\, \eta^i\right)}. \tag{2.25}$$

Sachant que le produit $\alpha\eta$ est supérieur à l'unité, et pour $1 \ll i \ll N$, les relations (2.24) et (2.25) se réduisent à :

$$\frac{C_{i+1}}{C_i} = \frac{1}{\alpha} \tag{2.26}$$

et
$$\frac{R_{i+1}}{R_i} = \frac{1}{\eta}. \tag{2.27}$$

Finalement, dans le cas d'un arrangement parallèle de cellules RC en série, la récursivité fréquentielle (distribution récursive des fréquences transitionnelles ω_i et ω_i' : relations (2.4)) engendre la récursivité systémique (distribution récursive des paramètres R_i et C_i : relations (2.26) et (2.27)).

2.2.2.2 *Réalisation à l'aide d'un arrangement en cascade de cellules RC en gamma*

La figure 2.6 présente un réseau constitué d'un arrangement en cascade de cellules RC en gamma. Dans ce cas particulier, les Z_i et Y_i de la figure 2.2 ont pour expression :

$$\begin{cases} Z_i(s) = R_i & \forall\, i \in]0; N] \\ Y_i(s) = C_i s & \forall\, i \in]0; N] \\ Z_0(s) = 0 \\ Y_0(s) = C_0 s \end{cases}, \tag{2.28}$$

chaque matrice $[T_i]$ se résumant alors à

$$[T_i] = \begin{bmatrix} 1 + R_i C_i s & R_i \\ C_i s & 1 \end{bmatrix}. \tag{2.29}$$

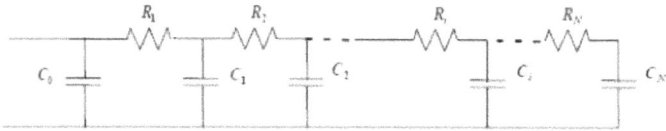

Figure 2.6 – *Réseau constitué d'un arrangement cascade de N cellules RC en gamma*

Finalement, l'impédance d'entrée $Z_e(s)$ est de la forme :

$$Z_e(s) = \cfrac{1}{C_0\, s + \cfrac{1}{R_1 + \cfrac{1}{C_1\, s + \cfrac{1}{R_2 + \cfrac{1}{\cfrac{1}{\ddots \cfrac{1}{C_{N-1}\, s + \cfrac{1}{R_N + \cfrac{1}{C_N\, s}}}}}}}}} . \tag{2.30}$$

Afin d'établir les relations entre les paramètres physiques (R_i et C_i) et la distribution récursive des fréquences transitionnelles (ω_i et ω_i'), la relation (2.30) de l'impédance $Z_e(s)$ est décomposée, à l'aide du logiciel de calcul formel Maple ([Heck, 1996]), en une fraction continue simple de la forme :

$$Z_e(s) = \cfrac{1}{A_0\, s + B_0 + \cfrac{1}{-A_1\, s - B_1 + \cfrac{1}{\ddots + \cfrac{\cdots}{(-1)^i(A_i\, s + B_i) + \cfrac{1}{\cfrac{1}{(-1)^N(A_N\, s + B_N)}}}}}}, \tag{2.31}$$

où

$$\begin{cases} A_0 = C_0 \,, \quad B_0 = \dfrac{1}{R_1} \,, \quad B_1 = \left(1 + \dfrac{R_1}{R_2}\right) R_1 \,, \\[3mm] A_i = \dfrac{C_{i-1}}{A_{i-1}} R_i^2 \, C_i \quad \text{pour} \quad i = 1 \text{ à } N \\[3mm] B_i = \dfrac{1}{B_{i-1}} \left(1 + \dfrac{R_i}{R_{i+1}}\right)\left(1 + \dfrac{R_i}{R_{i-1}}\right) \quad \text{pour} \quad i = 2 \text{ à } N \end{cases} \qquad (2.32)$$

De la même façon, l'expression 1.61 de la forme réelle $I_N(s)$ de l'intégrateur d'ordre non entier borné en fréquence est décomposée, toujours à l'aide du logiciel Maple, en une fraction continue simple de la forme :

$$I_N(s) = \cfrac{1}{\lambda_0\, s + \sigma_0 + \cfrac{1}{-\lambda_1\, s - \sigma_1 + \cfrac{1}{\ldots\ldots + \cfrac{1}{(-1)^i (\lambda_i\, s + \sigma_i) + \cfrac{1}{\cfrac{\ldots\ldots}{\cfrac{1}{(-1)^N (\lambda_N\, s + \sigma_N)}}}}}}} \,, \qquad (2.33)$$

où λ_i et $\sigma_i \in \mathfrak{R}^+$. $\qquad (2.34)$

Compte tenu du degré de complexité, la relation (2.33) est obtenue quel que soit N uniquement sous forme numérique.

L'identification membre à membre des relations (2.31) et (2.33) permet d'obtenir un système $2N+1$ équations, soit :

$$\left\{ \begin{array}{l} C_0 = \lambda_0 \\[2mm] R_1 = \dfrac{1}{\sigma_0} \\[3mm] C_1 = \dfrac{\lambda_1}{R_1^2} \\[3mm] R_2 = \dfrac{R_1}{\dfrac{\sigma_1}{R_1} - 1} \\[4mm] C_2 = \dfrac{\lambda_2\,\lambda_1}{R_2^2\,C_1} \end{array} \right.$$

ensuite pour $i = 3$ à N

$$\left\{ \begin{array}{l} R_i = \dfrac{R_{i-1}}{\dfrac{\sigma_{i-1}\,\sigma_{i-2}}{1 + \dfrac{R_{i-1}}{R_{i-2}}} - 1} \\[6mm] C_i = \dfrac{\lambda_i\,\lambda_{i-1}}{R_i^2\,C_{i-1}} \end{array} \right. \qquad . \tag{2.35}$$

La résolution du système (2.35) pour obtenir les valeurs numériques des C_i et R_i se fait de manière itérative. Ainsi, les valeurs de C_0 et R_1 étant immédiates d'après (2.35), C_1 et R_2 sont calculées à partir de la valeur de R_1, puis C_2 grâce aux valeurs de C_1 et R_2. A partir du rang $i = 3$, les relations de récurrence sont utilisées en commençant d'abord par la résistance R_i qui dépend des valeurs de R_{i-1} et R_{i-2}, puis par la capacité C_i qui dépend de C_{i-1} et R_i, les λ_i et σ_i étant des constantes issues de la décomposition de la relation (2.33).

Remarque

*Dans le cas d'un réseau en cascade de cellules RC en gamma, l'absence d'expression analytique de la décomposition en fraction continue de la forme réelle $I_N(s)$ ne permet pas d'exprimer les R_i et les C_i en fonction des facteurs récursifs α et η, et ce afin d'étudier **analytiquement** la manière dont ces paramètres sont distribués. C'est la raison pour laquelle l'exemple proposé au paragraphe suivant a pour objectif, non seulement d'illustrer la démarche descendante du concept à la réalisation, mais aussi de comparer **numériquement** la manière dont les paramètres R_i et C_i sont distribués pour chacun des réseaux étudiés.*

2.2.3 Exemple d'illustration

Le point de départ de l'exemple d'illustration de la méthode descendante est la forme idéale $I(s)$ de l'intégrateur d'ordre non entier borné en fréquence présenté au chapitre 1, soit :

$$I(s) = \frac{D_0}{s} \left(\frac{1 + \dfrac{s}{\omega_b}}{1 + \dfrac{s}{\omega_h}} \right)^m , \qquad (2.36)$$

où $m = 0.25$, $\omega_b = 0.01$ rad/s et $\omega_h = 100$ rad/s. Quant à D_0, il est calculé arbitrairement pour que le module de $I(j\omega)$ soit égal à l'unité pour la fréquence médiane $\omega_m = \sqrt{\omega_b \omega_h}$, soit :

$$D_0 = \sqrt{\frac{\omega_b^{m+1}}{\omega_h^{m-1}}} . \qquad (2.37)$$

Compte tenu de (2.37) et des valeurs de m, ω_b et ω_h considérées pour cet exemple, $D_0 = 0.3162$, l'unité dépendant du domaine de la physique considéré.

La figure 2.7 présente les diagrammes de Bode de la forme idéale $I(s)$ où l'on peut observer, notamment, un blocage de phase à $(m-1)$ 90°, soit - 67.5°.

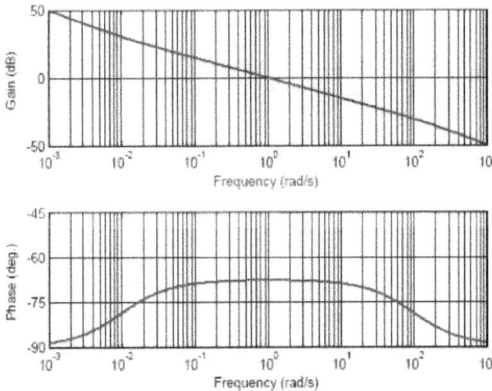

Figure 2.7 – *Diagrammes de Bode de la forme idéale I(s)*

L'étape suivante consiste à déterminer les $2N$ paramètres de la forme réelle $I_N(s)$. Sachant que pour cet exemple d'illustration N est choisi arbitrairement égal à 10, on obtient (compte tenu des relations (2.4)) d'abord les valeurs des facteurs récursifs, soit $\alpha = 1.259$ et $\eta = 1.995$, puis celles des fréquences transitionnelles, soit :

$$
\begin{array}{ll}
\omega_1' = 0.0141 \text{ rad/s} & \omega_1 = 0.0178 \text{ rad/s} \\
\omega_2' = 0.0355 \text{ rad/s} & \omega_2 = 0.0447 \text{ rad/s} \\
\omega_3' = 0.0891 \text{ rad/s} & \omega_3 = 0.112 \text{ rad/s} \\
\omega_4' = 0.224 \text{ rad/s} & \omega_4 = 0.2818 \text{ rad/s} \\
\omega_5' = 0.562 \text{ rad/s} & \omega_5 = 0.708 \text{ rad/s} \\
\omega_6' = 1.412 \text{ rad/s} & \omega_6 = 1.778 \text{ rad/s} \\
\omega_7' = 3.548 \text{ rad/s} & \omega_7 = 4.467 \text{ rad/s} \\
\omega_8' = 8.912 \text{ rad/s} & \omega_8 = 11.22 \text{ rad/s} \\
\omega_9' = 22.39 \text{ rad/s} & \omega_9 = 28.184 \text{ rad/s} \\
\omega_{10}' = 56.23 \text{ rad/s} & \omega_{10} = 70.795 \text{ rad/s}
\end{array}
\tag{2.38}
$$

La figure 2.8 présente les diagrammes de Bode des formes idéale $I(s)$ et réelle $I_N(s)$. On peut observer la parfaite superposition des tracés.

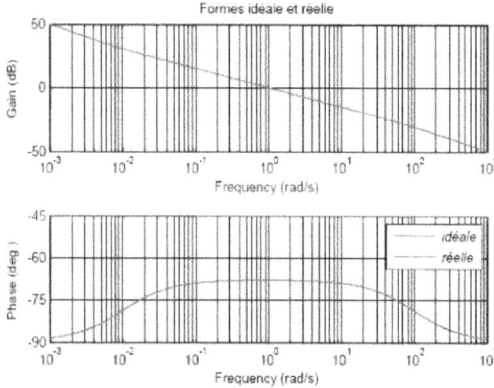

Figure 2.8 – *Diagrammes de Bode des formes idéale I(s) et réelle $I_N(s)$*

La dernière étape consiste à calculer les valeurs des $N+1$ éléments capacitifs C et des N éléments résistifs R selon le réseau retenu pour la réalisation.

Pour un réseau réalisé à l'aide d'un arrangement parallèle de cellules RC en série, les relations (2.19) conduisent à :

$$
\begin{aligned}
C_0 &= 0.3162 \\
C_1 &= 0.7849 & R_1 &= 90.194 \\
C_2 &= 0.5167 & R_2 &= 54.549 \\
C_3 &= 0.3903 & R_3 &= 28.744 \\
C_4 &= 0.3046 & R_4 &= 14.667 \\
C_5 &= 0.2401 & R_5 &= 7.406 \\
C_6 &= 0.1898 & R_6 &= 3.729 \\
C_7 &= 0.1498 & R_7 &= 1.881 \\
C_8 &= 0.1173 & R_8 &= 0.9562 \\
C_9 &= 0.0897 & R_9 &= 0.4979 \\
C_{10} &= 0.0627 & R_{10} &= 0.2835
\end{aligned}
\qquad (2.39)
$$

Afin de garder un caractère générique, les unités des éléments résistifs R et capacitifs C sont volontairement omises dans la mesure où elles dépendent du domaine considéré.

A titre de vérification, ces valeurs sont introduites dans l'expression (2.13) de l'impédance d'entrée $Z_e(s)$ du réseau ainsi réalisé. La figure 2.9 présente les diagrammes de Bode de la forme réelle $I_N(s)$ et de l'impédance $Z_e(s)$. Là encore, on peut observer la parfaite superposition des tracés.

Enfin, pour un réseau réalisé à l'aide d'un arrangement cascade de cellules RC en gamma, les relations (2.35) conduisent à

$$
\begin{aligned}
C_0 &= 0.3162 \\
C_1 &= 0.2294 & R_1 &= 0.1307 \\
C_2 &= 0.2042 & R_2 &= 0.2964 \\
C_3 &= 0.2234 & R_3 &= 0.5733 \\
C_4 &= 0.2641 & R_4 &= 1.123 \\
C_5 &= 0.3194 & R_5 &= 2.244 \\
C_6 &= 0.3811 & R_6 &= 4.593 \\
C_7 &= 0.4284 & R_7 &= 9.858 \\
C_8 &= 0.4142 & R_8 &= 23.638 \\
C_9 &= 0.2860 & R_9 &= 73.812 \\
C_{10} &= 0.0959 & R_{10} &= 436.65
\end{aligned}
\qquad (2.39)
$$

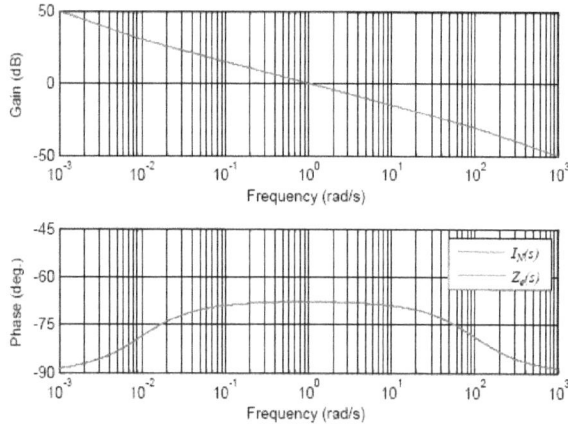

Figure 2.9 – *Diagrammes de Bode de la forme réelle $I_N(s)$ et de l'impédance $Z_e(s)$ de l'arrangement parallèle des cellules RC en série*

A titre de vérification, ces valeurs sont introduites dans l'expression (2.30) de l'impédance d'entrée $Z_e(s)$ du réseau ainsi réalisé. La figure 2.10 présente les diagrammes de Bode de la forme réelle $I_N(s)$ et de l'impédance $Z_e(s)$. Là encore, on peut observer la parfaite superposition des tracés.

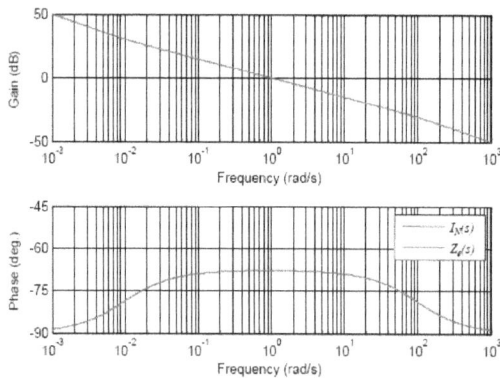

Figure 2.10– *Diagrammes de Bode de la forme réelle $I_N(s)$ et de l'impédance $Z_e(s)$ de l'arrangement RC en gamma*

La figure 2.11 illustre le processus de croissance des deux réseaux étudiés lors du processus itératif du calcul matriciel de l'impédance d'entrée.

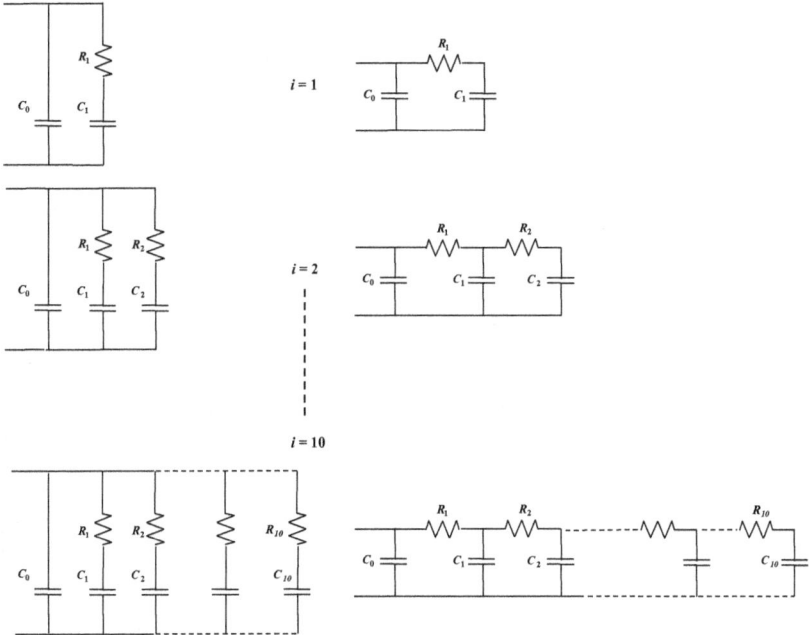

Figure 2.11 – *Illustration du processus de croissance des deux réseaux étudiés lors du processus itératif du calcul matriciel de l'impédance d'entrée*

A l'itération $i = 1$ (figure 2.11), les deux arrangements sont parfaitement identiques avec une impédance d'entrée $Z_e(s)$ de la forme :

$$Z_e(s) = \frac{K_1}{s} \left(\frac{1 + \dfrac{s}{\omega_{b1}}}{1 + \dfrac{s}{\omega_{h1}}} \right), \qquad (2.40)$$

où
$$K_1 = \frac{1}{C_0 + C_1} \ , \quad \omega_{b1} = \frac{1}{R_1 C_1} \ \text{ et } \ \omega_{h1} = \frac{C_0 + C_1}{C_0 R_1 C_1} \ . \qquad (2.41)$$

Il est à noter, d'après *(2.41)*, que le rapport $\alpha_1 = \omega_{h1} / \omega_{b1}$ est supérieur à l'unité, soit :

$$\alpha_1 = \frac{\omega_{h1}}{\omega_{b1}} = 1 + \frac{C_1}{C_0} > 1, \tag{2.42}$$

traduisant ainsi que la quantité $(1+s/\omega_{b1})/(1+s/\omega_{h1})$ est une cellule à avance de phase. Le maximum d'avance de phase φ_{m1} est apporté à la fréquence médiane $\omega_{m1} = \sqrt{\omega_{b1}\,\omega_{h1}}$ et a pour expression :

$$\varphi_{m1} = \arcsin\left(\frac{\alpha_1 - 1}{\alpha_1 + 1}\right). \tag{2.43}$$

Ce comportement est parfaitement identique à celui de la forme réelle de l'intégrateur d'ordre non entier borné en fréquence toujours pour $i = 1$, soit :

$$I_N(s)\Big|_{i=1} = \frac{D_0}{s}\left(\frac{1 + \dfrac{s}{\omega_1}}{1 + \dfrac{s}{\omega_1}}\right). \tag{2.44}$$

Afin de faciliter l'analyse des réponses fréquentielles et impulsionnelles (figure 2.12), le tableau 2.1 résume pour $i = 1$ les principales caractéristiques des expressions *(2.40)* et *(2.44)*.

$i = 1$	C_0	C_1	R_1	K_1	ω_{b1} ras/s	ω_{h1} rad/s	α_1	φ_{m1} deg.
$I_N(s)$				0.3162	0.0141	0.0178	1.259	6.6
$Z_e(s)$ parallèle/série	0.3162	0.7849	90.19	0.9082	0.0141	0.049	3.475	33.6
$Z_e(s)$ cascade/gamma	0.3162	0.2294	0.1307	1.833	33.35	57.56	1.726	15.5

Tableau 2.1 - *Principales caractéristiques des expressions* (2.40) *et* (2.44)

La figure 2.12 présente les réponses fréquentielles (*a, b, c*) et impulsionnelles (*d, e, f*) associées à chaque itération (*i* = 1 à 10) du processus de croissance pour :
- la forme réelle $I_N(s)$ de l'intégrateur d'ordre non entier borné en fréquence (*a* et *d*) ;
- l'impédance d'entrée $Z_e(s)$ de l'arrangement parallèle de cellules RC en série (*b* et *e*) ;
- l'impédance d'entrée $Z_e(s)$ de l'arrangement cascade de cellules RC en gamma (*c* et *f*).

On peut remarquer en observant la figure 2.12 que le processus itératif qui conduit à des réponses parfaitement identiques pour $i = 10$, ne se traduit pas pour $I_N(s)$ et $Z_e(s)$ de la même manière au cours de la croissance.

En effet, pour la forme réelle $I_N(s)$ (figure 2.12.a) la valeur $(m - 1)\, 90° = -67.5°$ du blocage de phase est atteinte par valeur inférieure à partir de la 6ème itération, la progression de la réponse fréquentielle lorsque i augmente se faisant des basses vers les hautes fréquences.

Pour l'impédance d'entrée $Z_e(s)$ de l'arrangement parallèle de cellules RC en série (figure 2.12.b) la valeur du blocage de phase est atteinte par valeur supérieure pratiquement à la dernière itération, la progression de la réponse fréquentielle lorsque i augmente se faisant là aussi des basses vers les hautes fréquences.

Pour l'impédance d'entrée $Z_e(s)$ de l'arrangement cascade de cellules RC en gamma (figure 2.12.c) la valeur du blocage de phase est atteinte par valeur inférieure à partir de la 3ème itération, la progression de la réponse fréquentielle lorsque i augmente se faisant des hautes vers les basses fréquences contrairement aux deux cas précédents.

Compte tenu de la dualité temps-fréquence en ce qui concerne les systèmes linéaires, les réponses impulsionnelles (figures 2.12.(d, e et f) ne font qu'illustrer dans le domaine temporel les comportements observés dans le domaine fréquentiel.

La figure 2.13 présente la distribution des R_i et des C_i pour les deux arrangements. Pour l'arrangement parallèle de cellules RC en série (figure 2.13.a) les R_i et les C_i diminuent quand i augmente, illustrant bien pour ce cas précis le lien entre les récursivités fréquentielle et systémique (relations (2.26) et (2.27)).

Par contre, pour l'arrangement cascade de cellules RC en gamma (figure 2.13.b) où la valeur de $R_{10} = 436.65$ n'apparaît pas compte tenu de l'échelle adoptée pour faciliter la comparaison, les R_i augmentent avec i alors que les C_i varient autour d'une valeur moyenne de l'ordre de 0.3.

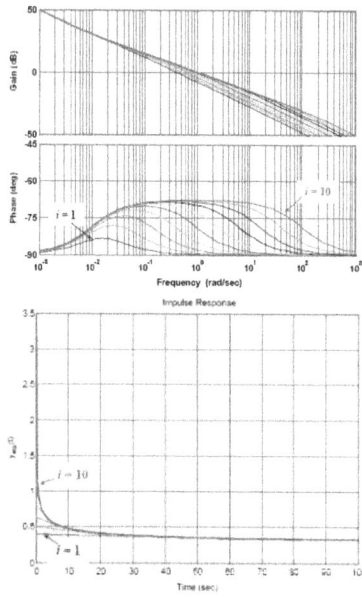

a   d

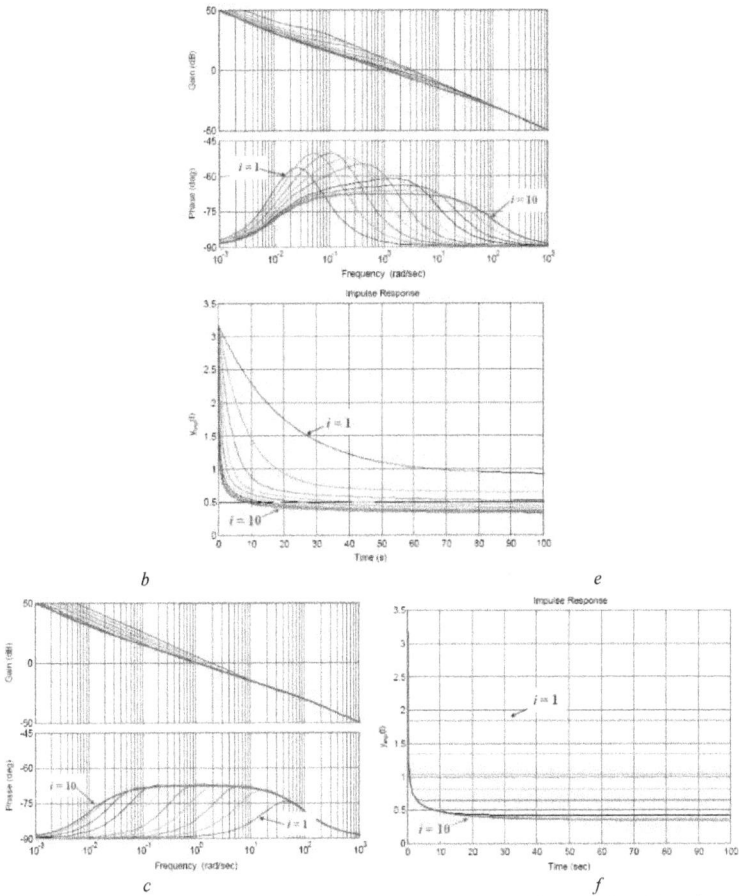

Figure 2.12– *Réponses fréquentielles (a, b, c) et impulsionnelles (d, e, f)*
associées à chaque itération du processus de croissance pour :
- la forme réelle $I_N(s)$ de l'intégrateur d'ordre non entier borné en fréquence (a et d)
- l'impédance d'entrée $Z_e(s)$ de l'arrangement parallèle de cellules RC en série (b et
e)
- l'impédance d'entrée $Z_e(s)$ de l'arrangement cascade de cellules RC en gamma (c et
f)

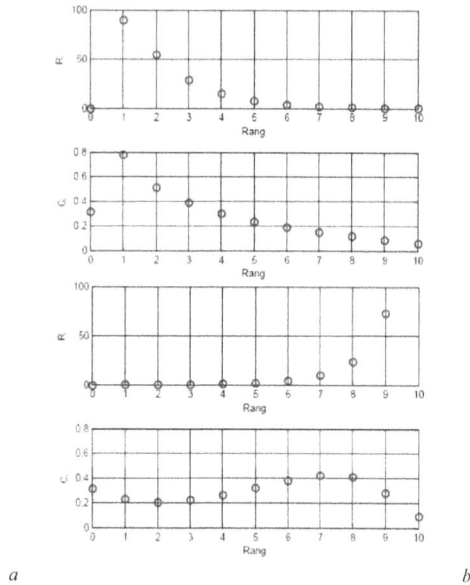

a b

Figure 2.13 – *Distribution des Ri et des Ci pour l'arrangement parallèle de cellules RC en série (a) et l'arrangement cascade de cellules RC en gamma (b)*

Grâce à la méthodologie développée, cet exemple illustre bien l'aptitude que possèdent les deux arrangements étudiés à réaliser le comportement d'ordre non entier spécifié à partir des quatre paramètres de synthèse de haut niveau (D_0, m, ω_b et ω_h) qui caractérisent la forme idéale de l'intégrateur d'ordre non entier borné en fréquence.

2.2.4 Conclusion

La figure 2.14 résume la démarche descendante du concept à la réalisation. Ainsi le principal intérêt sur le plan méthodologique est la parcimonie paramétrique que présente la forme idéale de l'intégrateur d'ordre non entier borné en fréquence. Ainsi, en fonction du contexte applicatif qui fixe la nature du critère d'optimisation à utiliser [Moreau *et al.*, 2002] [Moreau *et al.*, 2004] [Serrier *et al.*, 2007], la détermination des paramètres optimaux se fait sur les 4 paramètres de synthèse de haut niveau et non sur les $2N+1$ paramètres du réseau réalisé. Enfin, il faut souligner l'excellente qualité en matière d'approximation et de réalisation obtenue avec cette démarche.

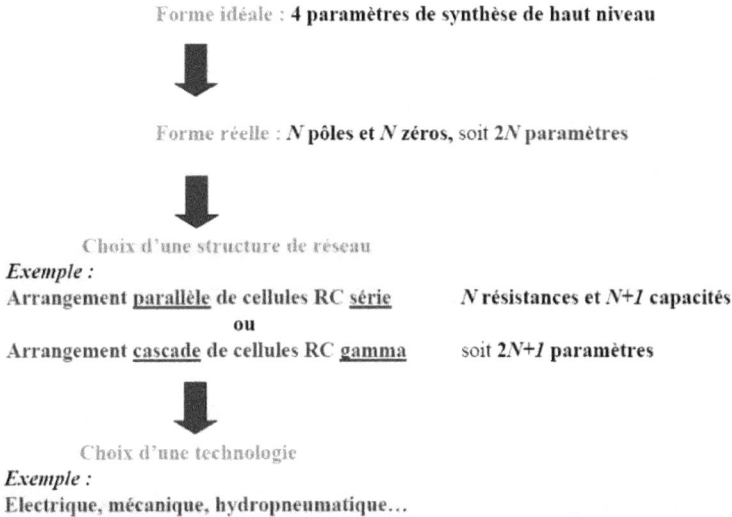

Forme idéale : **4 paramètres de synthèse de haut niveau**

⬇

Forme réelle : **N pôles et N zéros**, soit **$2N$ paramètres**

⬇

Choix d'une structure de réseau

Exemple :

Arrangement <u>parallèle</u> de cellules RC <u>série</u>   **N résistances et $N+1$ capacités**

ou

Arrangement <u>cascade</u> de cellules RC <u>gamma</u>   **soit $2N+1$ paramètres**

⬇

Choix d'une technologie

Exemple :

Electrique, mécanique, hydropneumatique…

Figure 2.14– *Illustration de la démarche descendante : du concept à la réalisation*

Dans certaines applications il n'est pas possible de disposer d'une distribution des composants comparable à celle étudiée dans le cadre de cette méthode descendante. C'est la raison pour laquelle le paragraphe suivant présente les liens existants entre une réalisation à l'aide d'un arrangement de cellules RC identiques et le comportement d'ordre non entier résultant.

2.3 Méthode ascendante : de la réalisation au concept

La récursivité fréquentielle conduit
- à une distribution récursive des paramètres (récursivité systémique, figure 2.13.a) dans le cas d'un arrangement parallèle de cellules RC en série
- et à une distribution quelconque (figure 2.13.b) dans le cas d'un arrangement cascade de cellules RC en gamma.

Ces deux distributions paramétriques sont d'autant plus importantes que la plage fréquentielle du comportement non entier est importante et que le nombre N de cellules est lui aussi important. Dans certaines applications, il n'est pas possible de disposer de telles distributions paramétriques. Une alternative consiste à utiliser des cellules RC parfaitement identiques. Dans ce cas, l'arrangement parallèle de cellules RC identiques en série ne présente plus d'intérêt pour la réalisation d'un comportement non entier dans la mesure où l'expression (2.13) de l'impédance d'entrée se résume alors à un intégrateur en cascade avec une cellule à avance de phase du premier ordre, soit :

$$Z_e(s) = \frac{1}{(C_0 + N C)\, s} \left(\frac{1 + RC\, s}{1 + \left(\dfrac{C_0}{C_0 + N C} \right) RC\, s} \right). \tag{2.45}$$

Par contre, l'arrangement en cascade de cellules RC identiques en gamma présente toujours un intérêt.

2.3.1 Réalisation à l'aide d'un réseau en cascade de cellules RC identiques en gamma

La figure 2.15 présente un arrangement en cascade de cellules RC identiques en gamma à l'exception de la cellule C_0 à l'entrée qui est purement capacitive et dont la valeur fait l'objet d'une attention toute particulière dans la suite de ce paragraphe. En effet, cette cellule joue un rôle essentiel dans la réalisation d'un comportement non entier avec un nombre N réduit de cellules.

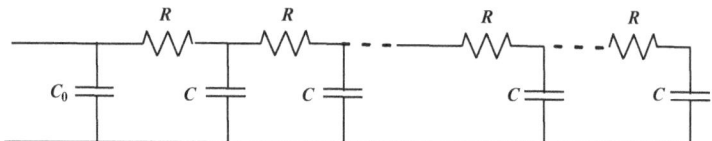

Figure 2.15 – *Arrangement en cascade de cellules RC identiques en gamma*

La figure 2.16 présente les diagrammes de Bode de l'impédance d'entrée de l'arrangement de la figure 2.15 pour chaque itération i, où $i = 1$ à $N = 100$, et avec $C_0 = 0$ (figure 2.16.a) et $C_0 = C$ (figure 2.16.b), sachant que les valeurs des R et des C sont choisies arbitrairement égales à l'unité. Dans les deux cas, l'impédance d'entrée est identique aux basses fréquences (comportement capacitif) et converge vers un comportement asymptotique d'ordre 0.5 aux moyennes fréquences ; seul le comportement aux hautes fréquences est différent (comportement résistif pour $C_0 = 0$ et comportement capacitif pour $C_0 = C$).

Dans les deux cas, malgré un nombre de cellules N relativement important ($N =$ 100) le comportement d'ordre 0.5 aux moyennes fréquences s'observe seulement sur une décade environ.

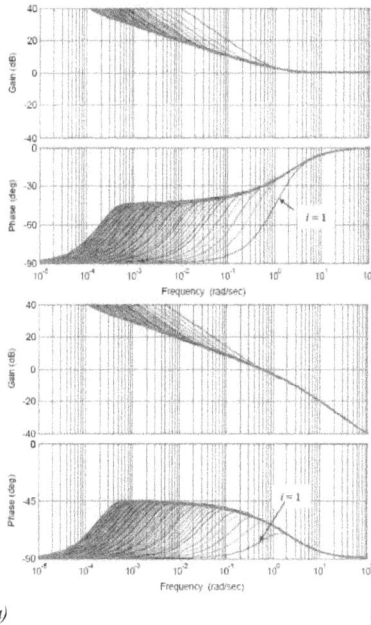

(a)   (b)

Figure 2.16– *Diagrammes de Bode de l'impédance d'entrée de l'arrangement de la figure 2.15 pour chaque itération i, où i=1 à N=100, avec $C_0=0$ (a) et $C_0=C$ (b)*

La figure 2.17 présente les mêmes diagrammes de Bode, mais pour un nombre N limité à 4 cellules, illustrant ainsi l'absence de comportement non entier pour un nombre de cellules aussi faible [A.Z.Daou *et al.*, 2009.d].

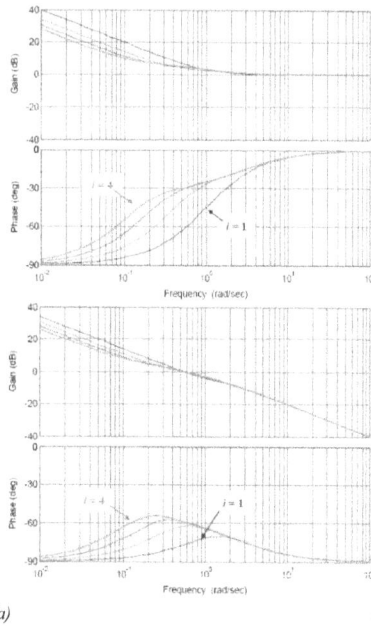

(a)   (b)

Figure 2.17– Diagrammes de Bode de l'impédance d'entrée de l'arrangement de
la figure 2.15 pour chaque itération i, où i=1 à N=4, avec $C_0=0$ (a) et $C_0=C$
(b)

Quel que soit le nombre de cellules N, l'impédance d'entrée $Z_{e_N}(s)$ est
composée d'un intégrateur en cascade avec un élément $D_N(s)$ à avance de phase, soit :

$$Z_{e_N}(s) = \frac{1}{s} \; D_N(s). \tag{2.46}$$

L'introduction de la pulsation $\omega_c = 1/RC$, de la fréquence réduite $\Omega = \omega/\omega_c$ et
du rapport des capacités $a = C/C_0$ permet de réduire la réponse fréquentielle $D_N(j\omega)$ à
une expression de la forme :

$$D_N(j\Omega) = D_0 \left(\frac{1 + \sum_{i=1}^{N} b_i \, (j\Omega)^i}{1 + \sum_{i=1}^{N} a_i \, (j\Omega)^i} \right), \tag{2.47}$$

où
$$D_0 = \frac{1}{C_0 + N C} \ ,$$
(2.48)

et où les a_i et b_i sont des réels, les a_i étant plus particulièrement des fonctions du rapport a entre les capacités C et C_0, soit :

$$a_i = f(a) \ .$$
(2.49)

Pour un nombre de cellules N donné, il existe une valeur optimale de a différente de l'unité, c'est-à-dire $C_0 \neq C$, qui conduit à un comportement d'ordre non entier aux moyennes fréquences. Ce résultat est d'autant plus remarquable qu'il reste vrai avec un nombre de cellules N faible et que le comportement non entier résultant correspond à un ordre différent de 0.5.

Ainsi, à titre d'illustration, considérons de nouveau un nombre N limité à 4 cellules. Dans ce cas particulier, l'argument de $D_N(j\Omega)$, noté $\varphi(\Omega,a)$, a pour expression :

$$\varphi(\Omega,a) = arctg\left(\frac{10\,\Omega - 7\Omega^3}{1 - 15\,\Omega^2 + \Omega^4} \right) - arctg\left(\frac{\left(\dfrac{10(1+a)}{1+4a}\right)\Omega - \left(\dfrac{7+a}{1+4a}\right)\Omega^3}{1 - \left(\dfrac{15+6a}{1+4a}\right)\Omega^2 + \left(\dfrac{1}{1+4a}\right)\Omega^4} \right).$$
(2.50)

La figure 2.18 présente les diagrammes de phase de $D_N(j\Omega)$ pour $N = 4$ paramétré par le rapport $a = C/C_0$. Le maximum d'avance de phase φ_m apporté par $D_N(j\Omega)$ augmente avec le rapport a. Pour $a = 6$, un blocage de phase d'une valeur $\varphi_m = 52°$ sur une décade apparaît clairement, mettant en évidence un comportement non entier d'ordre $m = 52°/90°$, soit 0.578.

Par ailleurs, lorsque ce comportement non entier existe, on constate que la valeur particulière de la fréquence réduite $\Omega = 1$ (soit $\omega = \omega_c$) appartient à la plage fréquentielle où ce comportement est observé. Ainsi, une méthode de calcul de la valeur optimale de a consiste :

- à calculer la dérivée partielle $\dfrac{\partial}{\partial\Omega}\varphi(\Omega,a)$ de l'argument de $D_N(j\Omega)$ par rapport à Ω,

- puis, pour $\Omega = 1$, à calculer la valeur de a qui annule cette dérivée partielle, soit :

$$\frac{\partial}{\partial\Omega}\varphi(\Omega,a)\bigg|_{\Omega=1} = 0 ,$$
(2.51)

conduisant ainsi pour $N = 4$ à une valeur de $a = 6.017$.

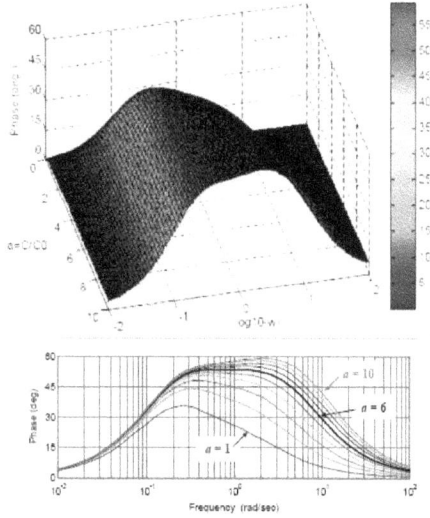

Figure 2.18– *Diagrammes de phase de l'impédance d'entrée pour $N = 4$ paramétré par le rapport $a = C/C_0$*

La figure 2.19 présente les diagrammes de Bode de l'impédance d'entrée avec $a = 6$ et pour chaque itération i, où $i = 1$ à $N = 4$. Cette figure doit être comparée à la figure 2.17.a où $a = \infty$ ($C_0 = 0$) et à la figure 2.17.b où $a = 1$ ($C_0 = C$), figures pour lesquelles N est aussi égal à 4.

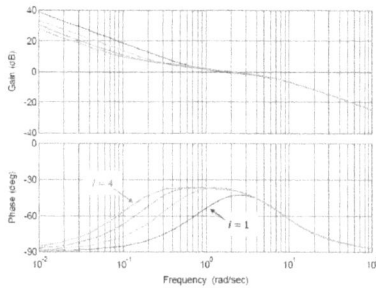

Figure 2.19– *Diagrammes de Bode de l'impédance d'entrée avec $a=6$ et pour chaque itération i, où $i=1$ à 4*

Conclusion

La figure 2.20 résume la démarche ascendante de la réalisation au concept. Ainsi, le principal intérêt sur le plan pratique est l'utilisation d'un ***nombre faible*** de cellules RC ***identiques*** grâce, notamment, à la présence d'une cellule purement capacitive en entrée dont la valeur optimale garantit le comportement non entier sur une décade. Contrairement à la méthode descendante où tous les comportements d'ordre non entier compris entre 0 et 1 sont réalisables, la valeur de l'ordre comprise entre 0.5 et 0.6 est la conséquence directe du nombre de cellules N et de la valeur optimale du rapport a, offrant ainsi moins de degrés de liberté dans le choix de l'ordre. Ce résultat est comparable à celui obtenu avec les réseaux de Sierpinski [Ramus-Sermant *et al.*, 2002].

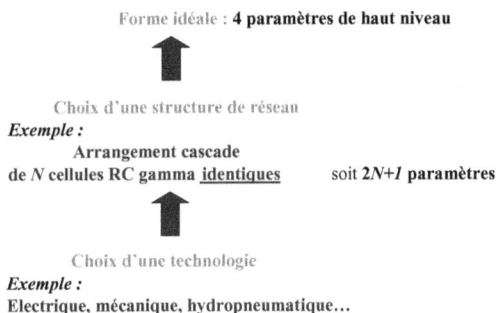

Forme idéale : **4 paramètres de haut niveau**

⬆

Choix d'une structure de réseau
Exemple :
**Arrangement cascade
de N cellules RC gamma <u>identiques</u>**   soit **$2N+1$ paramètres**

⬆

Choix d'une technologie
Exemple :
Electrique, mécanique, hydropneumatique…

***Figure 2.20**– Illustration de la démarche ascendante : de la réalisation au concept*

2.4   Etude du comportement dynamique d'un SDNE

Ce paragraphe reprend l'essentiel de l'analyse du comportement dynamique du SDNE présenté au chapitre 1 résultant de l'association d'un élément I de stockage d'énergie et d'un *fractor*. L'objectif est :

-   d'abord de comparer les comportements dynamiques obtenus avec un *fractor* et avec son approximation par un réseau de N cellules RC, notamment lorsque N est faible (par exemple $N = 4$) ;
-   ensuite d'étudier les comportements en régime forcé et en régime libre.

Remarque à propos des conditions initiales

La prise en compte des Conditions Initiales (CI) dans le cadre des SDNE fait l'objet de nombreux travaux [Hartley et al., 2002] [Hartley et al., 2007] [Lorenzo et al., 2007.a] [Lorenzo et al., 2007.b] [Trigeassou et al., 2011]. Cependant, à ce jour, aucune formulation ne fait l'unanimité au sein de la communauté. C'est la raison pour laquelle l'étude comparative présentée dans ce paragraphe se focalise d'abord sur le régime forcé sous l'hypothèse de conditions initiales nulles. Ensuite, l'étude du régime libre est présentée en commençant, dans un premier temps, par l'approximation du fractor pour lequel il n'y a aucun problème quant à la prise en compte des conditions initiales. Puis, compte tenu des résultats obtenus avec l'approximation pour des conditions initiales particulières, l'étude du régime libre est traitée avec le fractor.

2.4.1   Arrangement *RC* en gamma

La figure 2.21 représente le schéma du SDNE étudié où $e_0(t)$ est une source d'effort généralisé et $f(t)$ le flux généralisé traversant l'élément I caractérisé par le paramètre l. Plus précisément, le schéma de la figure 2.21.a représente l'association de l'élément I avec la fractance et le schéma de la figure 2.21.b celle de l'élément I avec l'approximation de la fractance par le réseau cascade de 4 cellules RC identiques en gamma étudié au paragraphe 2.2.2.2.

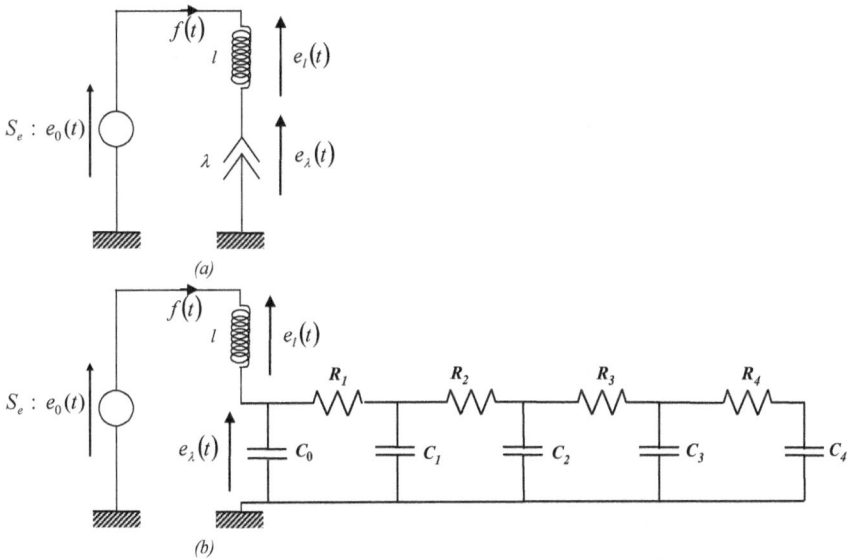

Figure 2.21– *Illustration dans le domaine électrique de l'association d'un élément l avec un fractor (a) et d'un élément l avec l'approximation du fractor par le réseau cascade de 4 cellules RC identiques en gamma étudié au paragraphe 2.2.2.2*

2.4.1.1 Etude du régime forcé

La figure 2.22 présente les réponses du SDNE obtenues avec le **fractor** (en vert) et son approximation (en bleu) pour la valeur nominale l_0 du paramètre l. Plus précisément, les réponses fréquentielles de l'intégrateur non entier et de son approximation sont présentée figure 2.22.a ; les lieux de Black-Nichols en boucle ouverte figure 2.22.b ; les diagrammes de gain du transfert de boucle fermée figure 2.22.c et les réponses indicielles de l'effort généralisé $e_\lambda(t)$ à un saut échelon $e_0(t)$ d'amplitude unitaire figure 2.22.d.

Il est important de noter l'excellente superposition des réponses fréquentielles (figure 2.22.c) et indicielles (figure 2.22.d) de la boucle fermée obtenues avec l'intégrateur d'ordre non entier et avec son approximation. Ce résultat est d'autant plus intéressant que le comportement non entier n'est synthétisé que sur une décade (figure

2.22.a). En fait, le point essentiel pour l'obtention d'un tel résultat est l'appartenance de la fréquence au gain unité en boucle ouverte ω_u à cette décade (figure 2.22.b).

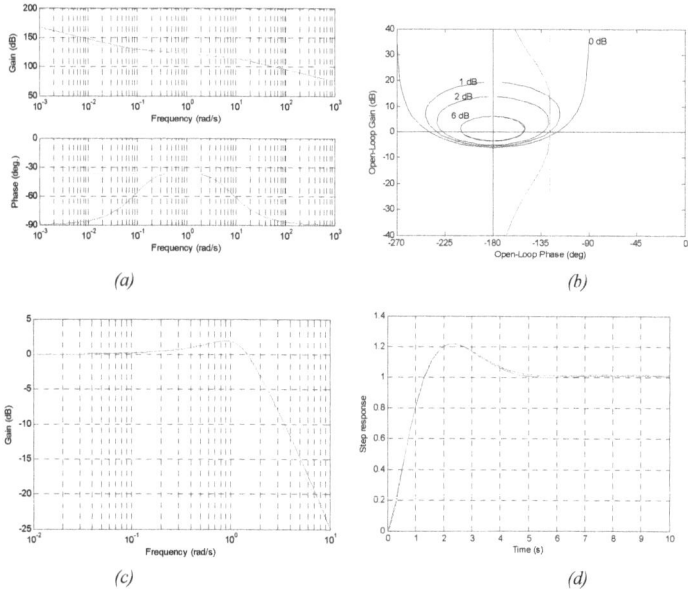

(a)   *(b)*

(c)   *(d)*

Figure 2.22 – *Comparaison des réponses du SDNE obtenues avec le fractor (en vert) et son approximation (en bleu) : réponses fréquentielles de l'intégrateur non entier et de son approximation (a) ; lieux de Black-Nichols en boucle ouverte (b) ; diagrammes de gain du transfert de boucle fermée (c) et réponses indicielles de l'effort généralisé $e_m(t)$ à un saut échelon $e_0(t)$ d'amplitude unitaire (d)*

Compte tenu de l'excellente aptitude que possède le réseau cascade de 4 cellules RC identiques en gamma à approximer le comportement du **fractor** dans son association avec un élement *I*, la suite de ce paragraphe se focalise, dans un premier temps, sur les performances obtenues avec une telle approximation [A.Z.Daou *et al.*, 2010.a].

Par ailleurs, le paramètre *I* de l'élément *I* est considéré comme incertain. Sa valeur nominale l_0 et ses valeurs extrémales l_{min} et l_{max} sont choisies pour que la fréquence au gain unité en boucle ouverte ω_u appartienne toujours à l'intervalle fréquentiel où le blocage de phase est présent.

Ainsi, la figure 2.23 illustre l'influence des variations du paramètre l sur le comportement dynamique du SDNE. Plus précisément, les lieux de Black-Nichols en boucle ouverte sont présentés figure 2.23.a ; les diagrammes de gain du transfert de boucle fermée figure 2.23.b et les réponses indicielles de l'effort généralisé $e_\lambda(t)$ à un saut échelon $e_0(t)$ d'amplitude unitaire figure 2.23.c. Pour ces trois figures, les courbes en bleu montrent les réponses lors de l'utilisation de la valeur nominale de l'inductance l, les courbes en vert indiquent les réponses lors de l'utilisation de la valeur minimale de l'inductance tandis que les courbes en rouge représentent les réponses de l'inductance maximale.

La tangence des lieux de Black-Nichols de la boucle ouverte au même contour d'amplitude lorsque l varie entre l_{min} et l_{max} (figure 2.23.a) explique la robustesse du facteur de résonance des réponses fréquentielles du transfert $T(s)$ (figure 2.23.b) et la robustesse du premier dépassement réduit des réponses indicielles (figure 2.23.c) vis-à-vis des variations de l.

(a)

(b)   *(c)*

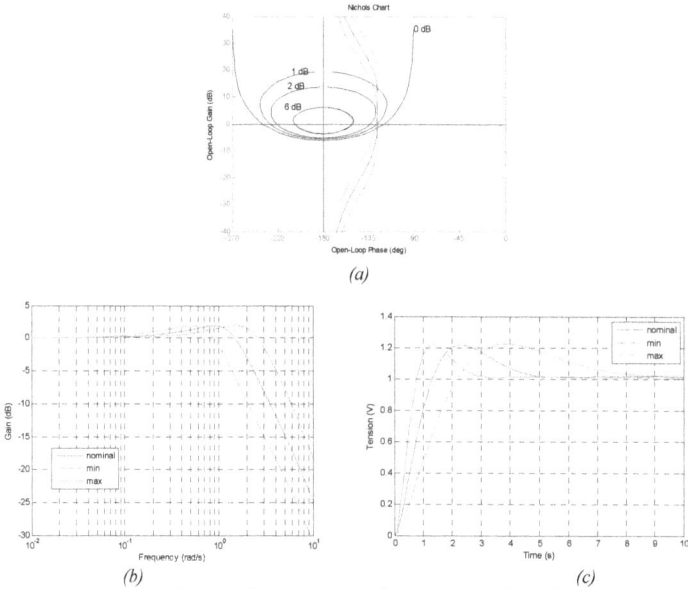

Figure 2.23 – *Influence des variations du paramètre l sur le comportement dynamique du SDNE (l_0 en bleu, l_{min} en vert et l_{max} en rouge) : lieux de Black-Nichols en boucle ouverte (a) ; diagrammes de gain du transfert de boucle fermée (b) et réponses indicielles de l'effort généralisé $e_m(t)$ à un saut échelon $e_0(t)$ d'amplitude unitaire (c)*

2.4.1.2   Etude du régime libre

Afin de faciliter l'analyse de l'influence des conditions initiales sur le régime libre, une représentation d'état du réseau cascade de 4 cellules RC identiques en gamma est développée, soit :

$$\begin{cases} \underline{\dot{x}} = A\,\underline{x} + B\,u \\ y = C\,\underline{x} + D\,u \end{cases},$$

(2.52)

où

$$u = f(t) , \quad \underline{x} = \begin{pmatrix} x_1 = e_\lambda(t) \\ x_2 = e_{C1}(t) \\ x_3 = e_{C2}(t) \\ x_4 = e_{C3}(t) \\ x_5 = e_{C4}(t) \end{pmatrix} , \quad y = e_\lambda(t), \tag{2.53}$$

les $e_{Ci}(t)$ étant les efforts généralisés aux bornes des éléments C_i, et où

$$A = \begin{bmatrix} -1/R_1C_0 & 1/R_1C_0 & 0 & 0 & 0 \\ 1/R_1C_1 & \dfrac{-1}{C_1}\left(\dfrac{R_1+R_2}{R_1R_2}\right) & 1/R_2C_1 & 0 & 0 \\ 0 & 1/R_2C_2 & \dfrac{-1}{C_2}\left(\dfrac{R_2+R_3}{R_2R_3}\right) & 1/R_3C_2 & 0 \\ 0 & 0 & 1/R_3C_3 & \dfrac{-1}{C_3}\left(\dfrac{R_3+R_4}{R_3R_4}\right) & 1/R_4C_3 \\ 0 & 0 & 0 & 1/R_4C_4 & -1/R_4C_4 \end{bmatrix}, \tag{2.54}$$

$$B = \begin{bmatrix} 1/C_0 \\ 0 \\ 0 \\ 0 \\ 0 \end{bmatrix}, \quad C = \begin{bmatrix} 1 & 0 & 0 & 0 & 0 \end{bmatrix} \text{ et } D = 0. \tag{2.55}$$

La transformée de Laplace de la relation (2.52) conduit à

$$\underset{(1x1)}{Y} = \left(C[sI-A]^{-1}\right)\underset{(5x1)}{\underline{x}(0)} + \left(C[sI-A]^{-1}B\right)\underset{(1x1)}{U}, \tag{2.56}$$

où $\underline{x}(0)$ représente le vecteur des conditions initiales associées aux éléments C_i. La relation (2.56) peut se réécrire sous la forme

$$Y = \sum_{i=1}^{5}\left(\Psi_i(s)\, x_i(0)\right) + \tilde{H}(s)\, U, \tag{2.57}$$

où

$$\Psi_i(s) = \left(C[sI-A]^{-1}\right), \tag{2.58}$$

et

$$\tilde{H}(s) = \left(C[sI-A]^{-1}B\right). \tag{2.59}$$

Finalement, le retour dans le domaine temporel par la transformée de Laplace inverse conduit à

$$e_\lambda(t) = \sum_{i=1}^{5}\left(TL^{-1}\{\Psi_i(s)\, x_i(0)\}\right) + \tilde{h}(t) * f(t), \tag{2.60}$$

relation de la forme

$$e_\lambda(t) = e_\lambda(0) + \tilde{e}_\lambda(t) , \tag{2.61}$$

en posant

$$e_\lambda(0) = \sum_{i=1}^{5} \left(TL^{-1}\{\Psi_i(s) \ x_i(0)\} \right) \tag{2.62}$$

et

$$\tilde{e}_\lambda(t) = \tilde{h}(t) * f(t) . \tag{2.63}$$

Ainsi, le schéma fonctionnel présenté au chapitre 1 est complété conformément aux développements précédents (figure 2.24).

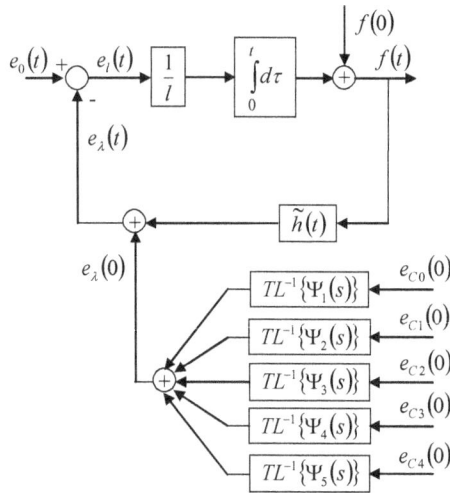

Figure 2.24 – *Schéma fonctionnel pour la simulation avec prise en compte des conditions initiales $e_{Ci}(0)$ associées aux éléments C_i*

Pour l'étude du régime libre, l'entrée est considérée nulle ($e_0(t) = 0$) tandis que les conditions initiales retenues sont :

$$f(0) = 0 \quad \text{et} \quad e_{Ci}(0) = 1 \quad \forall \ i \in [0 ; 4] . \tag{2.64}$$

Pour ces conditions initiales et pour la valeur nominale l_0 de l, la figure 2.25.a présente les contributions de chaque terme de la somme définie par la relation (2.62). Quant à la figure 2.25.b, elle présente le tracé en vert de $e_\lambda(0)$ (résultat de la somme des tracés de la figure 2.25.a) ainsi que les tracés de $\tilde{e}_\lambda(t)$ en rouge et de $e_\lambda(t)$ en bleu. Il est intéressant de noter que la somme $e_\lambda(0)$ des contributions de toutes les conditions initiales $e_{Ci}(0)$ est égale à l'unité.

Enfin, la figure 2.26 présente les réponses libres de $e_\lambda(t)$ pour les mêmes conditions initiales mais pour les valeurs nominale l_0 et extrémales l_{min} et l_{max} de l, illustrant ainsi la robustesse du degré de stabilité vis-à-vis des variations du paramètre l.

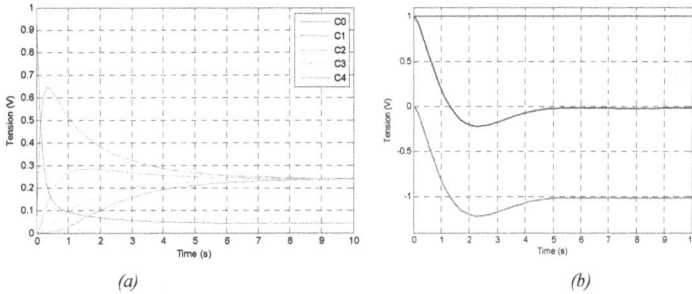

(a)   *(b)*

Figure 2.25 *– Contributions de chaque terme de la somme définie par la relation (1.105) (a) et tracés de $e_\lambda(0)$ (en vert), de $\tilde{e}_\lambda(t)$ (en rouge) et de $e_\lambda(t)$ (en bleu) (b)*

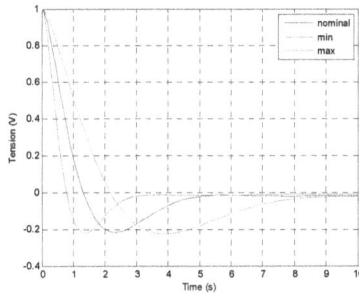

Figure 2.26 *– Réponses libres de $e_\lambda(t)$ pour les valeurs nominale l_0 (en bleu) et extrémales l_{min} (en vert) et l_{max} (en bleu) de l*

L'intérêt, dans un premier temps, d'utiliser l'approximation du *fractor* pour la prise en compte des conditions initiales est de constater, pour ce cas particulier, que $e_\lambda(0)$ se résume à une constante (unitaire si tous les $e_{Ci}(0) = 1$ et si $f(0) = 0$). Dans un deuxième temps, il est donc possible d'affirmer, toujours pour ce cas particulier, que $e_\lambda(0)$ est une constante unitaire et de remplacer la réponse impulsionnelle $\tilde{h}(t)$ de l'approximation par celle de la fractance, à savoir $h(t)$. Ainsi, dans ces conditions d'étude du régime libre ($e_0(t) = 0$, $f(0) = 0$ et $e_\lambda(0) = 1$), le système d'équations présenté au chapitre 1 se résume à :

$$\begin{cases} e_l(t) = - e_\lambda(t) \\ f(t) = \dfrac{1}{l} \displaystyle\int_0^t e_l(\tau)\,d\tau \\ e_\lambda(t) = h(t) * f(t) + e_\lambda(0) \end{cases} , \qquad (2.65)$$

où

$$h(t) = \frac{t^{-m}}{\lambda\,\Gamma(1-m)}. \qquad (2.66)$$

La transformée de Laplace du système (2.65), soit :

$$\begin{cases} E_l(s) = - E_\lambda(s) \\ F(s) = \dfrac{1}{l\,s}\, E_l(s) \\ E_\lambda(s) = \dfrac{1}{\lambda\,s^{1-m}}\, F(s) + \dfrac{e_\lambda(0)}{s} \end{cases} , \qquad (2.67)$$

puis, l'élimination par substitution de $E_l(s)$ et de $F(s)$ conduit à une expression de la forme

$$E_\lambda(s) = - \frac{1}{\lambda\,s^{1-m}} \frac{1}{l\,s}\, E_\lambda(s) + \frac{e_\lambda(0)}{s}, \qquad (2.68)$$

qui finalement se résume à

$$E_\lambda(s) = \frac{s^n}{s\left(s^n + b\right)}\, e_\lambda(0), \qquad (2.69)$$

toujours en posant $n = 2 - m$ et $b = 1/(l\lambda)$. Sachant que $e_\lambda(0) = 1$, le retour dans le domaine temporel à l'aide de la transformée inverse de Laplace conduit à :

$$e_\lambda(t) = \mathrm{TL}^{-1}\left\{ \frac{s^n}{s\left(s^n + b\right)} \right\} = E_n\!\left[-b\,t^n \right], \qquad (2.70)$$

expression qui n'est autre que la fonction de Mittag-Leffler définie au chapitre 1.

La figure 2.27 présente, pour la valeur nominale l_0 de l, la réponse en régime libre de $e_\lambda(t)$ obtenue avec l'approximation (en bleu) et avec la fonction de Mittag-Leffler (en vert) tronquée à l'ordre 100. Là encore, on peut observer l'excellente superposition des deux courbes.

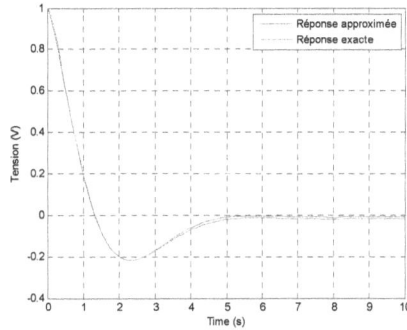

Figure 2.27 – *Réponse en régime libre de* $e_\lambda(t)$ *obtenue avec l'approximation (en bleu) et avec la fonction de Mittag-Leffler (en vert) tronquée à l'ordre 100*

2.5 Conclusion

Dans ce chapitre, deux méthodes de réalisation d'un intégrateur d'ordre non entier borné en fréquence sont présentées.

Le point de départ de la première est la synthèse fondée sur la récursivité fréquentielle. Ensuite, indépendamment de tout contexte applicatif, deux arrangements de cellules RC sont utilisés pour obtenir une impédance d'entrée dont la réponse fréquentielle est identique à celle de l'intégrateur d'ordre non entier. Cette première méthode présente un intérêt évident sur le plan méthodologique dans la mesure où l'optimisation concerne seulement les 4 paramètres de synthèse de haut niveau de $I(s)$. Les relations établies entre les différents paramètres de la forme idéale $I(s)$, de la forme réelle $I_N(s)$ et des arrangements de cellules RC permettent d'aboutir finalement aux valeurs des $2N+1$ paramètres physiques (les R et les C) du système, valeurs qui font l'objet d'une distribution. Cette méthode permet de réaliser tous les comportements d'ordre non entier compris entre 0 et 1.

A partir du constat qu'il n'est pas toujours possible de disposer d'une distribution des R et des C selon le contexte applicatif, la seconde méthode propose une démarche inverse. Ainsi, un arrangement cascade de cellules RC *identiques* en gamma est choisi *a priori*. La méthode se résume alors pour un nombre N donné de cellules à déterminer la valeur optimale d'un seul paramètre, à savoir la capacité C_0 de la cellule placée à l'entrée de l'arrangement. Cette valeur optimale assure un comportement non entier sur une décade avec un ordre compris entre 0.5 pour un $N =$ 100 et 0.578 pour $N = 4$.

Enfin, le dernier paragraphe met en évidence le fait que si l'intégrateur d'ordre non entier est immergé dans une structure bouclée, alors son approximation même limitée à une décade est satisfaisante dès l'instant où elle est effectuée au voisinage de la fréquence au gain unité en boucle ouverte.

Le chapitre suivant traite de l'influence des incertitudes paramétriques et structurelles qui résultent de la réalisation d'un intégrateur d'ordre non entier.

Chapitre 3 – Réalisation d'un intégrateur d'ordre non entier : analyse de l'influence des incertitudes

3.1 Introduction

L'objectif de ce chapitre est d'analyser l'influence des incertitudes liées à la réalisation d'un intégrateur d'ordre non entier borné en fréquence sur le comportement dynamique du SDNE de 1ère espèce tel que défini au chapitre 1.

D'une manière générale, les incertitudes sont classées en deux catégories : paramétriques et structurelles.

En ce qui concerne les incertitudes paramétriques, les caractéristiques résistives et capacitives des éléments R et C qui composent les deux réseaux de base présentés au chapitre 2 sont fonction principalement de deux familles de paramètres, à savoir géométriques et physico-chimiques (matériau solide, liquide ou gazeux). Les incertitudes paramétriques associées sont essentiellement :
- pour les paramètres géométriques, liées aux dispersions de fabrication, un majorant souvent rencontré est de l'ordre de 10% ;
- pour les paramètres physico-chimiques, liées à certaines grandeurs, notamment physiques comme souvent la température et la pression.

A titre d'illustration, les expressions analytiques des R et des C pour les domaines hydropneumatique et électrique sont précisées dans les chapitres 4 et 5 respectivement.

Quant aux incertitudes structurelles des réseaux RC, elles sont liées à des hypothèses simplificatrices posées lors de la démarche de synthèse. Elles apparaissent lorsque le SDNE est utilisé en dehors du domaine de validité des hypothèses simplificatrices. C'est le cas, par exemple, des phénomènes non linéaires ou encore des phénomènes inertiels, résistifs et capacitifs dans les canalisations hydrauliques supposés négligeables lors de la synthèse. Ainsi, les réseaux RC de base sont structurellement modifiés en raison des ces incertitudes.

Ce *chapitre 3* se compose donc de deux parties.

La première est consacrée à l'analyse de l'influence des incertitudes paramétriques toujours de manière générique indépendamment d'un domaine particulier de la physique. A partir de l'expression analytique de ces incertitudes à l'échelle des composants R et C, une analyse est présentée concernant la manière dont les incertitudes se propagent, d'abord sur les pôles, les zéros et les facteurs récursifs, puis sur les 4 paramètres de synthèse de haut niveau, en particulier l'ordre non entier, et enfin sur le comportement dynamique du SDNE de première espèce. Les résultats montrent qu'en ce qui concerne les incertitudes liées aux dispersions de fabrication leur influence est négligeable tant qu'elles restent inférieures à 10%.

Pour les incertitudes associées aux paramètres physico-chimiques dépendantes d'une grandeur telle que la pression ou la température, on montre que dès l'instant où cette grandeur influente a la même valeur pour tous les composants R et C du réseau (étude autour d'un point de fonctionnement en température ou en pression identique pour tous les R et C), ces incertitudes n'ont pas d'influence sur les facteurs récursifs et donc sur l'ordre non entier. Ceci est une généralisation des résultats de la thèse de Pascal SERRIER obtenus dans le cas particulier de l'hydropneumatique avec la pression statique (et donc la masse suspendue).

La deuxième partie est consacrée à l'analyse de l'influence des incertitudes structurelles. Dans un premier temps, la décomposition en séries de Taylor des expressions non linéaires des éléments R et C fait apparaître à l'ordre 1 les expressions linéarisées auxquelles se superposent les termes d'ordre supérieur à 1 qui peuvent être interprétés comme des incertitudes structurelles additives. L'influence des non-linéarités des composants R et C est ensuite analysée à l'aide des séries de Volterra toujours de manière générique indépendamment d'un domaine particulier de la physique. Les résultats sont aujourd'hui bien connus, à savoir que même en présence de variations de grande amplitude du flux généralisé en entrée des réseaux RC, chaque composant R et C est soumis à des variations dont l'amplitude est d'autant plus petite que le nombre N de cellules est important.

Enfin, la présence d'incertitudes structurelles faisant apparaître dans les réseaux RC de base des cellules IRC « parasites » non prises en compte lors de la synthèse en raison d'hypothèses simplificatrices est étudiée. En fait, les conditions de découplage sont établies à l'échelle de chaque cellule pour que les effets parasites ne modifient pas le comportement non entier aux moyennes fréquences, c'est-à-dire dans la plage fréquentielle où le comportement a été synthétisé. Ainsi, des contraintes sur les valeurs des éléments I, R et C parasites sont établies, permettant de définir les limites du domaine dans lequel les hypothèses simplificatrices sont réalistes. Ces contraintes permettent d'établir des préconisations dans le cadre d'une aide à la conception des réseaux RC de base.

3.2   Incertitudes paramétriques

3.2.1   Définition et notations

Les valeurs réellement implantées $\tilde{R}_i$ et $\tilde{C}_i$ des composants R et C sont liées aux valeurs R_i et C_i issues de la synthèse (Chapitre 2) par des relations de la forme :

$$\begin{cases} \tilde{R}_i = R_i + \Delta_a R_i \\ \tilde{C}_i = C_i + \Delta_a C_i \end{cases}, \tag{3.1}$$

où $\Delta_a R_i$ et $\Delta_a C_i$ sont des incertitudes sous forme additive, relations qui peuvent se réécrire sous la forme :

$$\begin{cases} \tilde{R}_i = R_i \left(1 + \Delta_m R_i\right) \\ \tilde{C}_i = C_i \left(1 + \Delta_m C_i\right) \end{cases}, \tag{3.2}$$

où $\Delta_m R_i$ et $\Delta_m C_i$ sont des incertitudes sous forme multiplicative, avec

$$\begin{cases} \Delta_m R_i = \dfrac{\Delta_a R_i}{R_i} \\ \Delta_m C_i = \dfrac{\Delta_a C_i}{C_i} \end{cases}. \tag{3.3}$$

3.2.2   Influence des incertitudes paramétriques sur la récursivité systémique

Dans le cas d'un arrangement parallèle de cellules RC série, la récursivité systémique (Chapitre 2) conduit aux relations :

$$\begin{cases} \dfrac{R_i}{R_{i+1}} = \eta \\ \dfrac{C_i}{C_{i+1}} = \alpha \end{cases}, \tag{3.4}$$

où α et η sont les facteurs récursifs qui fixent l'ordre de dérivation m, sachant que [Oustaloup, 1995]

$$m = \frac{\log(\alpha)}{\log(\alpha\eta)}. \tag{3.5}$$

L'introduction des valeurs réellement implantées conduit aux rapports

$$\begin{cases} \dfrac{\tilde{R}_i}{\tilde{R}_{i+1}} = \dfrac{R_i}{R_{i+1}} \left(\dfrac{1 + \Delta_m R_i}{1 + \Delta_m R_{i+1}} \right) \\[3mm] \dfrac{\tilde{C}_i}{\tilde{C}_{i+1}} = \dfrac{C_i}{C_{i+1}} \left(\dfrac{1 + \Delta_m C_i}{1 + \Delta_m C_{i+1}} \right) \end{cases} , \qquad (3.6)$$

ou encore, compte tenue de la relation (3.4),

$$\begin{cases} \dfrac{\tilde{R}_i}{\tilde{R}_{i+1}} = \eta \left(\dfrac{1 + \Delta_m R_i}{1 + \Delta_m R_{i+1}} \right) \\[3mm] \dfrac{\tilde{C}_i}{\tilde{C}_{i+1}} = \alpha \left(\dfrac{1 + \Delta_m C_i}{1 + \Delta_m C_{i+1}} \right) \end{cases} . \qquad (3.7)$$

La relation (3.7) met en évidence, dans le cas général, que le rapport de deux valeurs consécutives incertaines n'est plus constant, ce qui conduit à la notion de facteur récurrent, soit :

$$\begin{cases} \tilde{\eta}(i\,;i+1) = \dfrac{\tilde{R}_i}{\tilde{R}_{i+1}} \\[3mm] \tilde{\alpha}(i\,;i+1) = \dfrac{\tilde{C}_i}{\tilde{C}_{i+1}} \end{cases} . \qquad (3.8)$$

Dans le cas général où les incertitudes paramétriques sont liées aux dispersions de fabrication, celles-ci sont bornées. Il est alors astucieux d'introduire la notation par intervalle [Khemane, 2011], soit :

$$\begin{cases} [\,\tilde{\eta}\,] = [\,\underline{\tilde{\eta}}, \overline{\tilde{\eta}}\,] = \left\{ \tilde{\eta} \in \Re \,/\, \underline{\tilde{\eta}} \le \tilde{\eta} \le \overline{\tilde{\eta}} \right\} \\[3mm] [\,\tilde{\alpha}\,] = [\,\underline{\tilde{\alpha}}, \overline{\tilde{\alpha}}\,] = \left\{ \tilde{\alpha} \in \Re \,/\, \underline{\tilde{\alpha}} \le \tilde{\alpha} \le \overline{\tilde{\alpha}} \right\} \end{cases} , \qquad (3.9)$$

pour laquelle sont définis :

-   la largeur $w([.])$,

$$\begin{cases} w([\,\tilde{\eta}\,]) = \overline{\tilde{\eta}} - \underline{\tilde{\eta}} \ge 0 \\[3mm] w([\,\tilde{\alpha}\,]) = \overline{\tilde{\alpha}} - \underline{\tilde{\alpha}} \ge 0 \end{cases} , \qquad (3.10)$$

-   le milieu $mid([.])$,

$$\begin{cases} mid(\![\, \tilde{\eta} \,]\!) = \left(\overline{\overline{\eta}} + \underline{\tilde{\eta}} \right) / 2 \\ mid(\![\, \tilde{\alpha} \,]\!) = \left(\overline{\overline{\alpha}} + \underline{\tilde{\alpha}} \right) / 2 \end{cases}, \qquad (3.11)$$

- le rayon $rad(\![.]\!)$,

$$\begin{cases} rad(\![\, \tilde{\eta} \,]\!) = \left(\overline{\overline{\eta}} - \underline{\tilde{\eta}} \right) / 2 \geq 0 \\ rad(\![\, \tilde{\alpha} \,]\!) = \left(\overline{\overline{\alpha}} - \underline{\tilde{\alpha}} \right) / 2 \geq 0 \end{cases}. \qquad (3.12)$$

Bien que cela ne rentre pas dans le cadre de ce travail de thèse (mais fait l'objet des perspectives), l'arithmétique des intervalles réels est alors applicable [Khemane, 2011].

Afin de minimiser la largeur ou le rayon de chaque intervalle, il est essentiel d'imposer des spécifications de fabrication pour que les incertitudes multiplicatives à l'échelle de chaque composant R et C soient, compte tenu de la relation (3.7), négligeables devant l'unité, soit :

$$\begin{cases} \Delta_m R_i \ll 1 \\ \Delta_m C_i \ll 1 \end{cases}. \qquad (3.13)$$

Un exemple d'illustration est présenté au **Chapitre 5** avec la réalisation en technologie électrique d'un système non entier de première espèce.

Par ailleurs, aux incertitudes liées aux dispersions de fabrication, il faut rajouter les incertitudes liées aux variations d'une grandeur physique telle que la pression ou la température. En effet, en isolation vibratoire dans le cas d'une suspension réalisée en technologie hydropneumatique (Chapitre 4), toutes les capacités hydropneumatiques du réseau RC dépendent, notamment, de la pression statique dont la valeur est directement proportionnelle à celle de la masse suspendue. Toute variation de la masse suspendue entraîne une variation de la pression statique et donc une variation de la valeur de la capacité hydropneumatique.

Dans le cas d'une réalisation électrique (Chapitre 5), les composants R et C peuvent être sensibles aux variations de la température.

Hypothèse H1

Si on suppose que les incertitudes multiplicatives liées aux dispersions de fabrication sont négligeables (relations (3.13) vérifiées), que l'ensemble des composants *du réseau RC sont soumis à la même valeur maintenue constante de la grandeur physique influente et que les composants R, d'une part, et les composants C, d'autre part, présentent la même sensibilité aux variations de la grandeur physique influente, alors les incertitudes résultantes $\Delta_m R$ et $\Delta_m C$ sont identiques pour tous les composants R, d'une part, et C, d'autre part, ne dépendant ainsi plus du rang i comme dans le cas général.*

Cette hypothèse définit le domaine d'étude pour la suite des développements analytiques.

Si l'hypothèse H1 est vérifiée, alors la relation (3.6) devient :

$$\begin{cases} \dfrac{\tilde{R}_i}{\tilde{R}_{i+1}} = \dfrac{R_i}{R_{i+1}} \left(\dfrac{1 + \Delta_m R}{1 + \Delta_m R} \right) \\ \dfrac{\tilde{C}_i}{\tilde{C}_{i+1}} = \dfrac{C_i}{C_{i+1}} \left(\dfrac{1 + \Delta_m C}{1 + \Delta_m C} \right) \end{cases}, \tag{3.14}$$

ou encore, après simplification,

$$\begin{cases} \dfrac{\tilde{R}_i}{\tilde{R}_{i+1}} = \dfrac{R_i}{R_{i+1}} = \eta \\ \dfrac{\tilde{C}_i}{\tilde{C}_{i+1}} = \dfrac{C_i}{C_{i+1}} = \alpha \end{cases}. \tag{3.15}$$

Ainsi, bien que les variations de la grandeur physique influente génèrent des incertitudes paramétriques identiques à l'échelle de chaque composant, les facteurs récursifs η et α sont insensibles à ces incertitudes. Compte-tenu de la relation (3.5), la conséquence directe est que l'ordre m de dérivation est lui aussi insensible à ces incertitudes.

3.2.3   Influence des incertitudes paramétriques sur la récursivité fréquentielle

La synthèse d'un intégrateur non entier borné en fréquence fondée sur une récursivité fréquentielle telle que présentée au *Chapitre 2*, soit :

$$I_N(s) = \frac{D_0}{s} \prod_{i=1}^{N} \left(\frac{1 + \dfrac{s}{\omega_i}}{1 + \dfrac{s}{\omega_i}} \right), \tag{3.16}$$

associée à une réalisation sous la forme d'un arrangement parallèle de cellules RC série, pour lequel la récursivité systémique existe, conduit aux relations entre les paramètres (D_0,

$\omega_i^{'}$ et ω_i) de la forme rationnelle $I_N(s)$ et les paramètres (C_0, C_i et R_i) de la forme réalisée $Z_e(s)$, soit :

$$\left\{ \begin{array}{l} D_0 = \dfrac{1}{\displaystyle\sum_{i=0}^{N} C_i} \\[4mm] \omega_i^{'} = \dfrac{1}{R_i\,C_i} \\[4mm] \omega_i = \dfrac{1}{R_i\,C_{i+1}} \end{array} \right. , \qquad (3.17)$$

avec

$$\left\{ \begin{array}{c} \dfrac{\omega_i}{\omega_i^{'}} = \alpha > 1, \quad \dfrac{\omega_{i+1}^{'}}{\omega_i^{'}} = \eta > 1, \quad \dfrac{\omega_{i+1}^{'}}{\omega_i^{'}} = \dfrac{\omega_{i+1}}{\omega_i} = \alpha\eta > 1 \\[4mm] \dfrac{R_i}{R_{i+1}} = \eta > 1, \quad \dfrac{C_i}{C_{i+1}} = \alpha > 1 \end{array} \right. . \qquad (3.18)$$

L'introduction des incertitudes paramétriques des composants R et C conduit alors à de nouvelles expressions entre les paramètres de $I_N(s)$ et ceux de $Z_e(s)$, soit :

$$\left\{ \begin{array}{l} \tilde{D}_0 = \dfrac{1}{\displaystyle\sum_{i=0}^{N}\left(C_i + \Delta_a C_i\right)} = \dfrac{1}{\displaystyle\sum_{i=0}^{N} C_i + \sum_{i=0}^{N}\Delta_a C_i} = \dfrac{1}{\displaystyle\sum_{i=0}^{N} C_i \left(1 + \dfrac{\displaystyle\sum_{i=0}^{N}\Delta_a C_i}{\displaystyle\sum_{i=0}^{N} C_i}\right)} \\[8mm] \tilde{\omega}_i^{'} = \dfrac{1}{R_i\,C_i}\,\dfrac{1}{\left(1+\Delta_m R_i\right)\left(1+\Delta_m C_i\right)} \\[6mm] \tilde{\omega}_i = \dfrac{1}{R_i\,C_{i+1}}\,\dfrac{1}{\left(1+\Delta_m R_i\right)\left(1+\Delta_m C_{i+1}\right)} \end{array} \right. , \qquad (3.19)$$

ou encore, compte tenu des relations (3.17),

$$\begin{cases} \tilde{D}_0 = D_0 \, \Delta D_0 \quad \text{avec} \quad \Delta D_0 = \left(1 + \dfrac{\displaystyle\sum_{i=0}^{N} \Delta_a C_i}{\displaystyle\sum_{i=0}^{N} C_i}\right)^{-1} \in \,]\,0\,;1\,] \\[4mm] \tilde{\omega}_i^{'} = \omega_i^{'} \, \dfrac{1}{\left(1+\Delta_m R_i\right)\left(1+\Delta_m C_i\right)} \\[4mm] \tilde{\omega}_i = \omega_i \, \dfrac{1}{\left(1+\Delta_m R_i\right)\left(1+\Delta_m C_{i+1}\right)} \end{cases} \qquad (3.20)$$

Les relations (3.20) traduisent l'influence des incertitudes paramétriques des composants R et C sur les paramètres $(D_0, \omega_i^{'}$ et $\omega_i)$ de la forme rationnelle $I_N(s)$. Les rapports entre les fréquences transitionnelles $\omega_i^{'}$ et ω_i ont alors pour nouvelles expressions :

$$\begin{cases} \dfrac{\tilde{\omega}_i}{\tilde{\omega}_i^{'}} = \dfrac{\omega_i}{\omega_i^{'}} \, \dfrac{\left(1+\Delta_m R_i\right)\left(1+\Delta_m C_i\right)}{\left(1+\Delta_m R_i\right)\left(1+\Delta_m C_{i+1}\right)} \\[4mm] \dfrac{\tilde{\omega}_{i+1}^{'}}{\tilde{\omega}_i} = \dfrac{\omega_{i+1}^{'}}{\omega_i} \, \dfrac{\left(1+\Delta_m R_i\right)\left(1+\Delta_m C_{i+1}\right)}{\left(1+\Delta_m R_{i+1}\right)\left(1+\Delta_m C_{i+1}\right)} \end{cases} \qquad (3.21)$$

ou encore, après simplification et prise en compte des relations (3.18),

$$\begin{cases} \dfrac{\tilde{\omega}_i}{\tilde{\omega}_i^{'}} = \alpha \, \dfrac{\left(1+\Delta_m C_i\right)}{\left(1+\Delta_m C_{i+1}\right)} \\[4mm] \dfrac{\tilde{\omega}_{i+1}^{'}}{\tilde{\omega}_i} = \eta \, \dfrac{\left(1+\Delta_m R_i\right)}{\left(1+\Delta_m R_{i+1}\right)} \end{cases} \qquad (3.22)$$

Les relations (3.22) sont similaires aux relations (3.7) pour lesquelles la notion de facteur récurrent a été introduite.

Afin de minimiser l'influence des incertitudes paramétriques liées aux dispersions de fabrication sur la constante D_0 (relation (3.20)) et sur les rapports définis par la relation (3.22), il est essentiel de compléter les spécifications de fabrication définies par la relation (3.13), à savoir :

$$\begin{cases} \Delta_m R_i << 1 \\ \Delta_m C_i << 1 \\ \sum_{i=0}^{N} \Delta_a C_i << \sum_{i=0}^{N} C_i \end{cases} . \tag{3.23}$$

Si on suppose que l'hypothèse H1 avec prise en compte de la relation (3.23) à la place de la relation (3.13) est vérifiée, alors l'influence des variations de la grandeur physique sur la constante D_0 se traduit, comme dans le cas général, par des variations de gain. Quant aux rapports entre les fréquences transitionnelles (relations (3.22)), ils deviennent alors :

$$\begin{cases} \dfrac{\tilde{\omega}_i}{\tilde{\omega}_i^{'}} = \alpha \ \dfrac{\left(1 + \Delta_m C\right)}{\left(1 + \Delta_m C\right)} \\ \dfrac{\tilde{\omega}_{i+1}^{'}}{\tilde{\omega}_i} = \eta \ \dfrac{\left(1 + \Delta_m R\right)}{\left(1 + \Delta_m R\right)} \end{cases} , \tag{3.24}$$

ou encore, après simplification,

$$\begin{cases} \dfrac{\tilde{\omega}_i}{\tilde{\omega}_i^{'}} = \alpha \\ \dfrac{\tilde{\omega}_{i+1}^{'}}{\tilde{\omega}_i} = \eta \end{cases} . \tag{3.25}$$

Ainsi, bien que les variations de la grandeur physique influente génèrent des incertitudes paramétriques identiques à l'échelle des fréquences transitionnelles $\omega_i^{'}$ et ω_i, les facteurs récursifs η et α sont insensibles à ces incertitudes. Compte-tenu de la relation (3.5), la conséquence directe est que l'ordre m de dérivation est lui aussi insensible à ces incertitudes.

3.2.4   Influence des incertitudes paramétriques sur la forme fractionnaire de l'intégrateur d'ordre non entier borné en fréquence

Afin de faciliter l'analyse de l'influence des incertitudes paramétriques sur la forme fractionnaire de l'intégrateur d'ordre non entier borné en fréquence, il est judicieux d'introduire la fréquence médiane ω_m de la forme fractionnaire, ainsi que le rapport μ entre ω_h et ω_b déduit de la relation (2.4) du *Chapitre 2*, soit :

$$\omega_m = \sqrt{\omega_b \, \omega_h} \quad \text{et} \quad \mu = \frac{\omega_h}{\omega_b} = (\alpha \, \eta)^N \gg 1 \;, \tag{3.26}$$

d'où l'on tire les relations

$$\omega_b = (\alpha \, \eta)^{-N/2} \, \omega_m \quad \text{et} \quad \omega_h = (\alpha \, \eta)^{N/2} \, \omega_m \;. \tag{3.27}$$

Par ailleurs, sachant que (relation (2.4))

$$\omega_b = \frac{1}{\sqrt{\eta}} \, \omega_1^{'} \quad \text{et} \quad \omega_h = \sqrt{\eta} \, \omega_N \;, \tag{3.28}$$

il est facile d'obtenir

$$\omega_m = \sqrt{\omega_1^{'} \, \omega_N} \;, \tag{3.29}$$

relation qui montre que la fréquence médiane de la forme fractionnaire est aussi celle de la forme rationnelle.

Finalement, l'introduction des relations (3.27) dans l'expression (2.1) de l'intégrateur d'ordre non entier borné en fréquence permet d'exprimer la forme fractionnaire en fonction de certains paramètres (D_0, α, η, ω_m, N) de la forme rationnelle, soit :

$$I(s) = \frac{D_0}{s} \left(\frac{1 + (\alpha\eta)^{N/2} \dfrac{s}{\omega_m}}{1 + (\alpha\eta)^{-N/2} \dfrac{s}{\omega_m}} \right)^m . \tag{3.30}$$

La réponse fréquentielle $I(j\omega)$ a alors pour expression :

$$I(j\omega) = \frac{D_0}{j\omega} \left(\frac{1 + j \, (\alpha\eta)^{N/2} \dfrac{\omega}{\omega_m}}{1 + j \, (\alpha\eta)^{-N/2} \dfrac{\omega}{\omega_m}} \right)^m , \tag{3.31}$$

dont le gain et la phase sont donnés par :

$$\left\{ |I(j\omega)| = \frac{D_0}{\omega} \left(\frac{1 + (\alpha\eta)^N \left(\dfrac{\omega}{\omega_m} \right)^2}{1 + (\alpha\eta)^{-N} \left(\dfrac{\omega}{\omega_m} \right)^2} \right)^{m/2} \right.$$

$$\left. \arg I(j\omega) = -\frac{\pi}{2} + m \left(arctg\left((\alpha\eta)^{N/2} \frac{\omega}{\omega_m} \right) - arctg\left((\alpha\eta)^{-N/2} \frac{\omega}{\omega_m} \right) \right) \right. \qquad (3.32)$$

L'expression incertaine de $I(s)$, notée $\tilde{I}(s)$, est alors donnée par :

$$\tilde{I}(s) = \frac{\tilde{D}_0}{s} \left(\frac{1 + (\tilde{\alpha}\tilde{\eta})^{N/2} \dfrac{s}{\tilde{\omega}_m}}{1 + (\tilde{\alpha}\tilde{\eta})^{-N/2} \dfrac{s}{\tilde{\omega}_m}} \right)^{\tilde{m}}, \qquad (3.33)$$

où l'expression de $\tilde{\omega}_m$ est de la forme :

$$\tilde{\omega}_m = \sqrt{\tilde{\omega}_1^{'} \tilde{\omega}_N} = \omega_m \left(1 + \Delta_m \omega_m \right), \qquad (3.34)$$

avec

$$(1 + \Delta_m \omega_m) = \sqrt{(1 + \Delta_m \omega_1^{'})(1 + \Delta_m \omega_N)}, \qquad (3.35)$$

l'expression de la constante $\tilde{D}_0$ étant inchangée (relation (3.20)).

La relation (3.31) ne permet pas, dans le cas général, de conclure avec précision quant à l'influence des incertitudes paramétriques sur le comportement dynamique de la forme fractionnaire de l'intégrateur.

Par contre, si l'hypothèse H1 est vérifiée, alors la relation (3.31) devient :

$$\tilde{I}(s) = \frac{\tilde{D}_0}{s} \left(\frac{1 + (\alpha\eta)^{N/2} \dfrac{s}{\tilde{\omega}_m}}{1 + (\alpha\eta)^{-N/2} \dfrac{s}{\tilde{\omega}_m}} \right)^{m}. \qquad (3.36)$$

Dans ce cas, la réponse fréquentielle incertaine $\tilde{I}(j\omega)$ a pour expression

$$\tilde{I}(j\omega) = \frac{\tilde{D}_0}{j\omega} \left(\frac{1 + j\,(\alpha\eta)^{N/2}\,\dfrac{\omega}{\tilde{\omega}_m}}{1 + j\,(\alpha\eta)^{-N/2}\,\dfrac{\omega}{\tilde{\omega}_m}} \right)^m . \tag{3.37}$$

Aux **basses fréquences** où $\omega \ll \omega_b$, $\tilde{I}(j\omega)$ se simplifie sous la forme :

$$\tilde{I}(j\omega) \underset{\omega \ll \omega_b}{=} \frac{\tilde{D}_0}{j\omega} , \tag{3.38}$$

ou encore, en remplaçant $\tilde{D}_0$ par $D_0\,\Delta D_0$ (relation (3.20)),

$$\tilde{I}(j\omega) \underset{\omega \ll \omega_b}{=} \frac{D_0}{j\omega}\,\Delta D_0 = I(j\omega)\,\Delta D_0 \underset{\omega \ll \omega_b}{} , \tag{3.39}$$

dont le gain et la phase sont donnés par :

$$\begin{cases} \left| \tilde{I}(j\omega) \right| \underset{\omega \ll \omega_b}{} = \left| I(j\omega) \right| \underset{\omega \ll \omega_b}{}\,\Delta D_0 \\[2mm] \arg \tilde{I}(j\omega) \underset{\omega \ll \omega_b}{} = \arg I(j\omega) \underset{\omega \ll \omega_b}{} = -\frac{\pi}{2} \end{cases} . \tag{3.40}$$

Ainsi, dans le cadre du domaine d'étude défini par l'hypothèse H1, l'influence des incertitudes paramétriques sur le comportement intégrateur d'ordre 1 des **basses fréquences** se traduit par une variation de gain ΔD_0, le comportement asymptotique de la phase n'étant pas affectée.

Aux **moyennes fréquences** où $\omega_b \ll \omega \ll \omega_h$, $\tilde{I}(j\omega)$ se simplifie sous la forme :

$$\tilde{I}(j\omega) \underset{\omega_b \ll \omega \ll \omega_h}{=} \frac{\tilde{D}_0}{j\omega} \left(j\,(\alpha\eta)^{N/2}\,\frac{\omega}{\tilde{\omega}_m} \right)^m = \frac{\tilde{D}_0}{(j\omega)^{1-m}} \left(\frac{(\alpha\eta)^{N/2}}{\tilde{\omega}_m} \right)^m , \tag{3.41}$$

ou encore, en remplaçant $\tilde{D}_0$ par $D_0\,\Delta D_0$ et $\tilde{\omega}_m$ par $\omega_m\,(1 + \Delta_m\omega_m)$,

$$\tilde{I}(j\omega) \underset{\omega_b \ll \omega \ll \omega_h}{=} \frac{D_0}{(j\omega)^{1-m}} \left(\frac{(\alpha\eta)^{N/2}}{\omega_m} \right)^m \frac{\Delta D_0}{(1 + \Delta_m\omega_m)^m} = I(j\omega) \underset{\omega_b \ll \omega \ll \omega_h}{} \frac{\Delta D_0}{(1 + \Delta_m\omega_m)^m} , \tag{3.42}$$

dont le gain et la phase sont donnés par :

$$\begin{cases} \left| \tilde{I}(j\omega) \right|_{\omega_b \ll \omega \ll \omega_h} = \left| I(j\omega) \right|_{\omega_b \ll \omega \ll \omega_h} \dfrac{\Delta D_0}{\left(1 + \Delta_m \omega_m\right)^m} \\[4mm] \arg\limits_{\omega_b \ll \omega \ll \omega_h} \tilde{I}(j\omega) = \arg\limits_{\omega_b \ll \omega \ll \omega_h} I(j\omega) = -\left(1 - m\right)\dfrac{\pi}{2} \end{cases} \qquad (3.43)$$

Ainsi, dans le cadre du domaine d'étude défini par l'hypothèse H1, l'influence des incertitudes paramétriques sur le comportement intégrateur d'ordre (1-m) des **moyennes fréquences** se traduit par une variation de gain $\Delta D_0 /\left(1 + \Delta_m \omega_m\right)^m$, le comportement asymptotique de la phase n'étant pas affectée.

Aux **hautes fréquences** où $\omega_h \ll \omega$, $\tilde{I}(j\omega)$ se simplifie sous la forme :

$$\tilde{I}(j\omega)_{\omega_h \ll \omega} = \frac{\tilde{D}_0}{j\omega}\left(\alpha\eta\right)^{mN} \quad , \qquad (3.44)$$

ou encore, en remplaçant $\tilde{D}_0$ par $D_0\,\Delta D_0$,

$$\tilde{I}(j\omega)_{\omega_h \ll \omega} = \frac{D_0}{j\omega}\left(\alpha\eta\right)^{mN}\Delta D_0 = I(j\omega)_{\omega_h \ll \omega} \Delta D_0 \quad , \qquad (3.45)$$

dont le gain et la phase sont donnés par :

$$\begin{cases} \left| \tilde{I}(j\omega) \right|_{\omega_h \ll \omega} = \left| I(j\omega) \right|_{\omega_h \ll \omega} \Delta D_0 \\[4mm] \arg\limits_{\omega_h \ll \omega} \tilde{I}(j\omega) = \arg\limits_{\omega_h \ll \omega} I(j\omega) = -\dfrac{\pi}{2} \end{cases} \qquad (3.46)$$

Là encore, dans le cadre du domaine d'étude défini par l'hypothèse H1, l'influence des incertitudes paramétriques sur le comportement intégrateur d'ordre 1 des **hautes fréquences** se traduit, comme aux basses fréquences, par une variation de gain ΔD_0, le comportement asymptotique de la phase n'étant pas affectée.

Enfin, pour compléter cette analyse et compte-tenu de la relation (3.28), l'influence des incertitudes paramétriques sur les fréquences transitionnelles basse ω_b et haute ω_h, soit :

$$\tilde{\omega}_b = \frac{1}{\sqrt{\eta}}\,\tilde{\omega}_1' \quad \text{et} \quad \tilde{\omega}_h = \sqrt{\eta}\,\tilde{\omega}_N \quad , \qquad (3.47)$$

se traduit par une variation identique dans le même sens, et ce dans la mesure où

$$\frac{\omega_h}{\omega_b} = \frac{\tilde{\omega}_h}{\tilde{\omega}_b} = \left(\alpha\,\eta\right)^N \gg 1 \quad , \qquad (3.48)$$

la plage fréquentielle où le comportement d'ordre non entier existe étant de longueur constante, simplement translatée sur l'axe des fréquences.

En résumé, dans le cadre du domaine d'étude défini par l'hypothèse H1, l'influence des incertitudes paramétriques sur la réponse fréquentielle de la forme fractionnaire de l'intégrateur d'ordre non entier borné en fréquence se traduisent :
- par des variations de gain résultant des variations combinées de la constante D_0 et des fréquences transitionnelles ω_b et ω_h ;
- par une translation horizontale sur l'axe des fréquences dans le plan de Bode de la courbe de phase résultant des variations des fréquences transitionnelles ω_b et ω_h.

Toujours dans le cadre du domaine d'étude défini par l'hypothèse H1, l'ordre m n'étant pas affecté par les incertitudes paramétriques, les comportements asymptotiques des diagrammes de gain (pente à - (1-m) 20dB/dec) et de phase (blocage à - (1-m) $\pi/2$) dans le plan de Bode ne sont pas modifiés.

La figure 3.1 illustre ces résultats dans le plan de Bode.

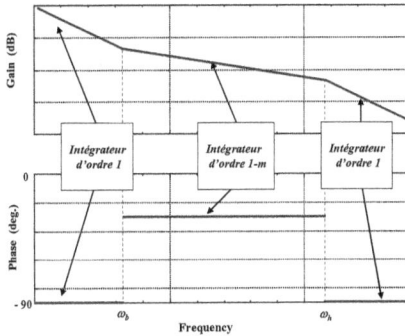

Figure 3.1 - *Diagrammes asymptotiques de Bode d'un intégrateur non entier borné en fréquence*

3.2.5 Influence des incertitudes paramétriques sur le comportement dynamique du SDNE de 1ère espèce

Pour rappel, l'expression de la fonction de transfert en boucle ouverte $L(s)$ définie au chapitre 1 a pour expression :

$$L(s) = \frac{L_0}{s^2}\left(\frac{1 + \dfrac{s}{\omega_b}}{1 + \dfrac{s}{\omega_h}}\right)^m , \qquad\qquad (3.49)$$

où $L_0 = D_0/l$, l étant le paramètre qui caractérise l'élément I (chapitre 1).

Pour faciliter l'analyse, il est intéressant d'introduire la fréquence au gain unité en boucle ouverte ω_u qui pour l'état paramétrique nominal est choisie égale à la fréquence médiane ω_m (relation (3.26)). Ainsi, compte tenu de la relation (3.30), l'expression (3.49) se réécrit sous la forme :

$$L(s) = \frac{D_0/l}{s^2}\left(\frac{1 + (\alpha\eta)^{N/2}\,\dfrac{s}{\omega_u}}{1 + (\alpha\eta)^{-N/2}\,\dfrac{s}{\omega_u}}\right)^m . \qquad\qquad (3.50)$$

D'une manière générale, la prise en compte dans l'expression du transfert de boucle ouverte $L(s)$ des incertitudes paramétriques de la forme fractionnaire de l'intégrateur d'ordre non entier borné en fréquence pour l'état paramétrique nominal du SDNE de première espèce défini par la valeur nominale l_{nom} (chapitre 1) de l'élément I, conduit à une expression de la forme :

$$\tilde{L}(s) = \frac{\tilde{D}_0/l_{nom}}{s^2}\left(\frac{1 + (\tilde{\alpha}\tilde{\eta})^{N/2}\,\dfrac{s}{\tilde{\omega}_u}}{1 + (\tilde{\alpha}\tilde{\eta})^{-N/2}\,\dfrac{s}{\tilde{\omega}_u}}\right)^{\tilde{m}} , \qquad\qquad (3.51)$$

qui dans le cadre du domaine d'étude défini par l'hypothèse H1 se réduit à :

$$\tilde{L}(s) = \frac{\tilde{D}_0/l_{nom}}{s^2}\left(\frac{1 + (\alpha\eta)^{N/2}\,\dfrac{s}{\tilde{\omega}_u}}{1 + (\alpha\eta)^{-N/2}\,\dfrac{s}{\tilde{\omega}_u}}\right)^m , \qquad\qquad (3.52)$$

ou encore, si l'on introduit les incertitudes paramétriques de l,

$$\tilde{L}(s) = \frac{\tilde{D}_0/\tilde{l}}{s^2} \left(\frac{1 + (\alpha\eta)^{N/2} \dfrac{s}{\tilde{\omega}_u}}{1 + (\alpha\eta)^{-N/2} \dfrac{s}{\tilde{\omega}_u}} \right)^m . \tag{3.53}$$

Dans ce cas, la réponse fréquentielle incertaine $\tilde{L}(j\omega)$ a pour expression

$$\tilde{L}(j\omega) = \frac{\tilde{D}_0/\tilde{l}}{(j\omega)^2} \left(\frac{1 + j(\alpha\eta)^{N/2} \dfrac{\omega}{\tilde{\omega}_u}}{1 + j(\alpha\eta)^{-N/2} \dfrac{\omega}{\tilde{\omega}_u}} \right)^m . \tag{3.54}$$

Aux **basses fréquences** où $\omega << \omega_b$, $\tilde{L}(j\omega)$ se simplifie sous la forme :

$$\tilde{L}(j\omega)_{\omega << \omega_b} = \frac{\tilde{D}_0/\tilde{l}}{(j\omega)^2} , \tag{3.55}$$

ou encore, en remplaçant $\tilde{D}_0$ par $D_0 \, \Delta D_0$ (relation (3.20)) et $\tilde{l}$ par $l(1 + \Delta_m l)$,

$$\tilde{L}(j\omega)_{\omega << \omega_b} = \frac{D_0/l}{(j\omega)^2} \frac{\Delta D_0}{(1 + \Delta_m l)} = L(j\omega)_{\omega << \omega_b} \frac{\Delta D_0}{(1 + \Delta_m l)} , \tag{3.56}$$

dont le gain et la phase sont donnés par :

$$\begin{cases} \left| \tilde{L}(j\omega) \right|_{\omega << \omega_b} = \left| L(j\omega) \right|_{\omega << \omega_b} \dfrac{\Delta D_0}{(1 + \Delta_m l)} \\ \arg \tilde{L}(j\omega)_{\omega << \omega_b} = \arg L(j\omega)_{\omega << \omega_b} = -\pi \end{cases} . \tag{3.57}$$

Ainsi, l'influence des incertitudes paramétriques sur le comportement intégrateur d'ordre 2 de la boucle ouverte aux **basses fréquences** se traduit par une variation de gain $\Delta D_0/(1 + \Delta_m l)$, le comportement asymptotique de la phase n'étant pas affecté.

Aux **moyennes fréquences** où $\omega_b << \omega << \omega_h$, $\tilde{L}(j\omega)$ se simplifie sous la forme :

$$\tilde{L}(j\omega)_{\omega_b << \omega << \omega_h} = \frac{\tilde{D}_0/\tilde{l}}{(j\omega)^2} \left(j(\alpha\eta)^{N/2} \frac{\omega}{\tilde{\omega}_u} \right)^m = \frac{\tilde{D}_0/\tilde{l}}{(j\omega)^{2-m}} \left(\frac{(\alpha\eta)^{N/2}}{\tilde{\omega}_u} \right)^m , \tag{3.58}$$

ou encore, en remplaçant $\tilde{D}_0$ par $D_0 \, \Delta D_0$, $\tilde{l}$ par $l(1 + \Delta_m l)$ et $\tilde{\omega}_u$ par $\omega_u(1 + \Delta_m \omega_u)$,

$$\widetilde{L}(j\omega) \underset{\omega_b << \omega << \omega_h}{=} \frac{D_0/l}{(j\omega)^{2-m}} \left(\frac{(\alpha\eta)^{N/2}}{\omega_u} \right)^m \frac{\Delta D_0}{(1 + \Delta_m l)(1 + \Delta_m \omega_u)^m} = L(j\omega) \underset{\omega_b << \omega << \omega_h}{} \frac{\Delta D_0}{(1 + \Delta_m l)(1 + \Delta_m \omega_u)^m},$$

(3.59)

dont le gain et la phase sont donnés par :

$$\begin{cases} \left| \widetilde{L}(j\omega) \right| \underset{\omega_b << \omega << \omega_h}{=} \left| L(j\omega) \right| \underset{\omega_b << \omega << \omega_u}{} \dfrac{\Delta D_0}{(1 + \Delta_m l)(1 + \Delta_m \omega_u)^m} \\ \arg \widetilde{L}(j\omega) \underset{\omega_b << \omega << \omega_h}{=} \arg L(j\omega) \underset{\omega_b << \omega << \omega_h}{=} -(2 - m)\dfrac{\pi}{2} \end{cases}.$$

(3.60)

Ainsi, l'influence des incertitudes paramétriques sur le comportement intégrateur d'ordre (2-m) de la boucle ouverte aux ***moyennes fréquences*** se traduit par une variation de gain $\Delta D_0 / \big((1 + \Delta_m l)(1 + \Delta_m \omega_u)^m \big)$, le comportement asymptotique de la phase n'étant pas modifié, la plage fréquentielle où le comportement d'ordre non entier existe étant simplement translatée sur l'axe des fréquences.

Aux ***hautes fréquences*** où $\omega_h << \omega$, $\widetilde{L}(j\omega)$ se simplifie sous la forme :

$$\widetilde{L}(j\omega) \underset{\omega_h << \omega}{=} \frac{\widetilde{D}_0/\widetilde{l}}{(j\omega)^2} (\alpha\eta)^{mN},$$

(3.61)

ou encore, en remplaçant $\widetilde{D}_0$ par $D_0 \, \Delta D_0$ et $\widetilde{l}$ par $l(1 + \Delta_m l)$,

$$\widetilde{L}(j\omega) \underset{\omega_h << \omega}{=} \frac{D_0/l}{(j\omega)^2} (\alpha\eta)^{mN} \frac{\Delta D_0}{(1 + \Delta_m l)} = L(j\omega) \underset{\omega_h << \omega}{} \frac{\Delta D_0}{(1 + \Delta_m l)},$$

(3.62)

dont le gain et la phase sont donnés par :

$$\begin{cases} \left| \widetilde{L}(j\omega) \right| \underset{\omega_k << \omega}{=} \left| L(j\omega) \right| \underset{\omega_h << \omega}{} \dfrac{\Delta D_0}{(1 + \Delta_m l)} \\ \arg \widetilde{L}(j\omega) \underset{\omega_k << \omega}{=} \arg L(j\omega) \underset{\omega_h << \omega}{=} -\pi \end{cases}.$$

(3.63)

Là encore, l'influence des incertitudes paramétriques sur le comportement intégrateur d'ordre 2 de la boucle ouverte aux ***hautes fréquences*** se traduit, comme aux basses fréquences, par une variation de gain $\Delta D_0 / (1 + \Delta_m l)$, le comportement asymptotique de la phase n'étant pas affectée.

En résumé, dans le cadre du domaine d'étude défini par l'hypothèse H1, l'influence des incertitudes paramétriques de la forme fractionnaire de l'intégrateur d'ordre non entier borné en fréquence associées à celles du paramètre l de l'élément I sur la réponse fréquentielle $L(j\omega)$ de la boucle ouverte se traduisent, dans le plan de Black-Nichols, par une translation verticale due simultanément aux variations combinées de D_0, l et des fréquences transitionnelles ω_b et ω_h.

La conséquence est que la marge de phase M_Φ reste constante et que la fréquence au gain unité ω_u varie. Ainsi, les incertitudes paramétriques liées à la réalisation d'un intégrateur d'ordre non entier n'affectent pas la robustesse du degré de stabilisé du SDNE de $1^{\text{ère}}$ espèce tel que défini au chapitre 1, seule la rapidité du système est sensible à ces incertitudes.

La figure 3.2 illustre ces résultats dans le plan de Black-Nichols.

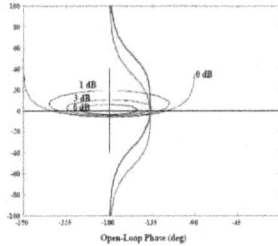

Figure 3.2 *- Illustration dans le plan de Black-Nichols de l'influence des incertitudes*

Le retour à la forme non bornée de la fonction de transfert en boucle ouverte $\beta(s)$ introduite au chapitre 1, soit :

$$\beta(s) = \left(\frac{\omega_u}{s}\right)^n,$$

$$(3.64)$$

où $n = 2 - m$, et qui correspond à la forme bornée pour laquelle $\omega_b \to 0$ et $\omega_h \to \infty$, permet d'affirmer que finalement les incertitudes paramétriques se traduisent par des incertitudes au niveau de ω_u, soit :

$$\tilde{\beta}(s) = \left(\frac{\tilde{\omega}_u}{s}\right)^n.$$

$$(3.65)$$

L'expression incertaine $\tilde{H}(s)$ de la fonction de transfert du SDNE de $1^{\text{ère}}$ espèce (chapitre 1) est alors donnée par :

$$\tilde{H}(s) = \cfrac{1}{1 + \left(\cfrac{s}{\tilde{\omega}_u}\right)^n}$$

(3.66)

et celle de l'équation différentielle linéaire fractionnaire de première espèce par :

$$\tilde{\omega}_u^{-n} \, {}_0 d_t^n \, y(t) + y(t) = u(t) \, .$$

(3.67)

Finalement, dans le cadre d'étude défini par l'hypothèse H1, les incertitudes paramétriques liées à la réalisation d'un intégrateur d'ordre non entier n'affectent pas les propriétés présentées au chapitre 1, en particulier la robustesse du degré de stabilité.

3.3   Incertitudes structurelles

Dans ce paragraphe, pour faciliter l'analyse, les incertitudes paramétriques sont supposées négligeables devant les incertitudes structurelles.

3.3.1   Prise en compte des non-linéarités

L'approche CRONE a été développée dans un contexte linéaire à travers des modèles linéaires ou linéarisés. Autant dire que l'approche CRONE a été menée
- dans le cas linéaire proprement dit (donc sans contrainte sur le niveau de sollicitation)
- et dans le cas non linéaire pour de faibles sollicitations (cas de petites variations autour d'un point de fonctionnement).

C'est la raison pour laquelle la réalisation d'un intégrateur d'ordre non entier borné en fréquence, telle que présentée au chapitre 2, est faite à partir de caractéristiques linéaires ou linéarisées d'éléments C et R autour d'un point d'équilibre [A.Z.Daou *et al.*, 2010.b].

3.3.1.1   Du modèle linéaire de synthèse au modèle non linéaire de validation

Dans certains domaines, comme celui de l'hydropneumatique par exemple présenté au chapitre 4 avec la suspension CRONE, des non-linéarités apparaissent à l'échelle des composants R et C.

L'objectif de ce paragraphe est donc :
- d'établir le lien entre le modèle linéaire utilisé pour la synthèse de l'intégrateur d'ordre non entier borné en fréquence (chapitres 1 et 2) et le modèle non linéaire utilisé pour la validation, et ce en faisant apparaitre des incertitudes structurelles sous forme additive ;
- de présenter de manière synthétique la méthode de décomposition en série de Volterra (développée de manière détaillée au chapitre 4 et à l'Annexe I), méthode

utilisée pour analyser l'influence des non-linéarités sur le comportement dynamique du SDNE de 1ère espèce.

Le point de départ pour atteindre cet objectif est une décomposition en série de Taylor des non-linéarités de chaque élément R et C. Dans ce cas, un certain nombre d'hypothèses d'analycité sont nécessaires afin de justifier l'emploi des développements en série de Taylor.

Hypothèses

Si les hypothèses associées au développement en série de Taylor sur un intervalle $[x_0$-$x(t)$, $x_0+x(t)]$ d'une fonction non linéaire de la forme $y(t) = f(x(t))$ sont vérifiées, à savoir :

- *la fonction f est supposée définie et continue sur l'intervalle $[x_0-x(t)$, $x_0+x(t)]$,*
- *ainsi que ses n premières dérivées $f^{(p)}$ ($p \leq n$),*
- *la dérivée $f^{(n+1)}$ d'ordre $n+1$ existe sur l'intervalle ouvert $]x_0-x(t)$, $x_0+x(t)[$,*

alors $f(x_0+x(t))$ peut s'écrire sous la forme :

$$f\left(x_0 + x(t)\right) = f\left(x_0\right) + f^{(1)}\left(x_0\right) x(t) + \frac{f^{(2)}\left(x_0\right)}{2!} x^2(t) + .. + \frac{f^{(n)}\left(x_0\right)}{n!} x^n(t) + \frac{f^{(n+1)}(c)}{(n+1)!} x^{n+1}(t)$$

,

(3.68)

c étant une valeur de l'intervalle ouvert $]x_0-x(t)$, $x_0+x(t)[$.

Si l'on suppose donc que ces hypothèses sont vérifiées, alors pour un élément C de rang i la relation non linéaire causale $e_i(t) = NL_{Ci}\left(q_i(t)\right)$ entre l'effort généralisé $e_i(t)$ et le déplacement généralisé $q_i(t))$ se décompose sous la forme :

$$NL_{Ci}\left(q_s + q_i(t)\right) = NL_{Ci}\left(q_s\right) + NL_{Ci}^{(1)}\left(q_s\right) q_i(t) + \frac{NL_{Ci}^{(2)}\left(q_s\right)}{2!} q_i^2(t) + \frac{NL_{Ci}^{(3)}\left(q_s\right)}{3!} q_i^3(t) + ... ,$$

(3.69)

où q_s représente la valeur du déplacement généralisé au point de fonctionnement à l'équilibre statique. En posant

$$a_{l_{Ci}} = \frac{NL_{Ci}^{(l)}\left(q_s\right)}{l!} , \quad \text{avec} \quad a_{1_{Ci}} = \frac{1}{C_i} \quad \text{et} \quad e_s = NL_{Ci}\left(q_s\right) ,$$

(3.70)

où e_s représente la valeur de l'effort généralisé au point de fonctionnement à l'équilibre statique et C_i la capacité, la relation (3.69) se réécrit sous la forme :

$$e_i(t) = e_s + \frac{1}{C_i}\, q_i(t) + a_{2_{Ci}}\, q_i^2(t) + a_{3_{Ci}}\, q_i^3(t) + \dots \, , \qquad (3.71)$$

ou encore, en introduisant la relation entre le déplacement généralisé $q_i(t)$ et le flux généralisé $f_i(t)$ donnée par [Dauphin-Tanguy, 2000]

$$q_i(t) = \int_0^t f_i(\tau)\, d\tau \, , \qquad (3.72)$$

$$e_i(t) = e_s + \frac{1}{C_i}\int_0^t f_i(\tau)\, d\tau + a_{2_{Ci}}\left(\int_0^t f_i(\tau)\, d\tau\right)^2 + a_{3_{Ci}}\left(\int_0^t f_i(\tau)\, d\tau\right)^3 + \dots \, . \quad (3.73)$$

La relation (3.73) est utilisée dans la suite pour calculer les noyaux de Volterra de l'élément C de rang i.

De plus, afin de faire apparaître l'incertitude structurelle associée à l'élément C de rang i, la relation (3.71) est réécrite sous la forme :

$$e_i(t) = e_s + \frac{1}{C_i} q_i(t) + NL_{Ci}^*\big(q_i(t)\big) \, , \qquad (3.74)$$

où $NL_{Ci}^*\big(q_i(t)\big)$ représente la somme des termes de la série supérieurs à l'ordre 1 interprétée comme une incertitude structurelle additive.

La figure 3.3 illustre sous forme de schémas causaux la relation (3.74).

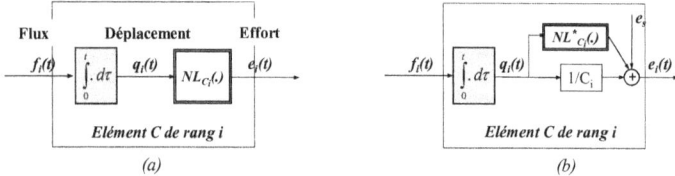

Figure 3.3 - *Illustration sous forme de schémas causaux de la relation (3.74)*

Pour un élément R de rang i, la relation non linéaire causale $f_i(t) = NL_{Ri}\big(e_{Ri}(t)\big)$ entre le flux généralisé $f_i(t)$ et l'effort généralisé $e_{Ri}(t)$ se décompose sous la forme :

$$NL_{Ri}\big(e_s + e_{Ri}(t)\big) = NL_{Ri}(e_s) + NL_{Ri}^{(1)}(e_s)\, e_{Ri}(t) + \frac{NL_{Ri}^{(2)}(e_s)}{2!}\, e_{Ri}^2(t) + \frac{NL_{Ri}^{(3)}(e_s)}{3!}\, e_{Ri}^3(t) + \dots \, . \qquad (3.75)$$

En posant

$$a_{l_{Ri}} = \frac{NL_{Ri}^{(l)}(e_s)}{l!} \, , \quad \text{avec} \quad a_{1_{Ri}} = \frac{1}{R_i} \quad \text{et} \quad f_s = NL_{Ci}(e_s) \, , \qquad (3.76)$$

où f_s représente la valeur du flux généralisé au point de fonctionnement à l'équilibre statique et R_i la résistance, la relation (3.75) se réécrit sous la forme :

$$f_i(t) = f_s + \frac{1}{R_i}\, e_{Ri}(t) + a_{2_{Ri}}\, e_{Ri}^2(t) + a_{3_{Ri}}\, e_{Ri}^3(t) + \dots \,, \qquad (3.77)$$

relation utilisée dans la suite pour calculer les noyaux de Volterra de l'élément R de rang i.

Là aussi, afin de faire apparaître l'incertitude structurelle associée à l'élément R de rang i, la relation (3.77) est réécrite sous la forme :

$$f_i(t) = f_s + \frac{1}{R_i}\, e_{Ri}(t) + NL^*_{Ri}(e_{Ri}(t)) \,, \qquad (3.78)$$

où $NL^*_{Ri}(e_{Ri}(t))$ représente la somme des termes de la série supérieurs à l'ordre 1 interprétée comme une incertitude structurelle additive.

La figure 3.4 illustre sous forme de schémas causaux la relation (3.78).

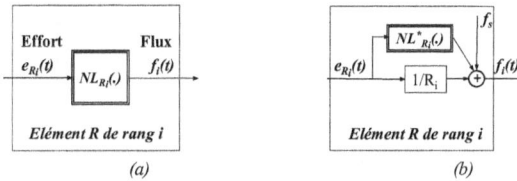

Figure 3.4 - *Illustration sous forme de schémas causaux de la relation (3.78)*

L'étape suivante est conditionnée par la nature du réseau considéré. Ainsi, par exemple, pour un réseau parallèle de cellules RC série (figure 3.5) tel que présenté au chapitre 2, les relations causales qui décrivent le comportement dynamique de ce réseau sont :

- pour la cellule purement capacitive du rang 0 :

$$\begin{cases} e_e(t) = e_0(t) \\ e_0(t) = NL_{C0}(q_0(t)) \\ q_0(t) = \int_0^t f_0(\tau)\,d\tau \\ f_0(t) = f_e(t) - \sum_{i=1}^{N} f_i(t) \end{cases} \qquad (3.79)$$

où $f_e(t)$ et $e_e(t)$ représentent le flux et l'effort généralisés à l'entrée du réseau ;
- pour la cellule RC de rang i :

$$\begin{cases} e_{Ri}(t) = e_e(t) - e_i(t) \\ e_i(t) = NL_{Ci}(q_i(t)) \\ q_i(t) = \int_0^t f_i(\tau)\,d\tau \\ f_i(t) = NL_{Ri}(e_{Ri}(t)) \end{cases} \qquad (3.80)$$

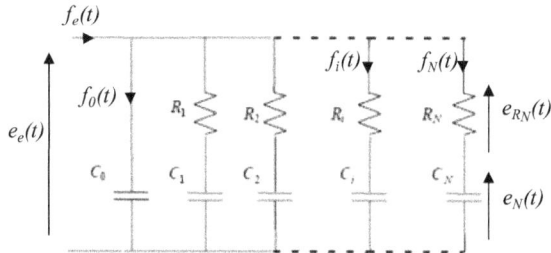

Figure 3.5 - *Réseau constitué d'un arrangement parallèle de cellules RC en série*

La figure 3.6 présente le schéma causal du **modèle non linéaire de validation** associé à ce réseau parallèle de cellules RC série (où $f_s = 0$, comme c'est souvent le cas).

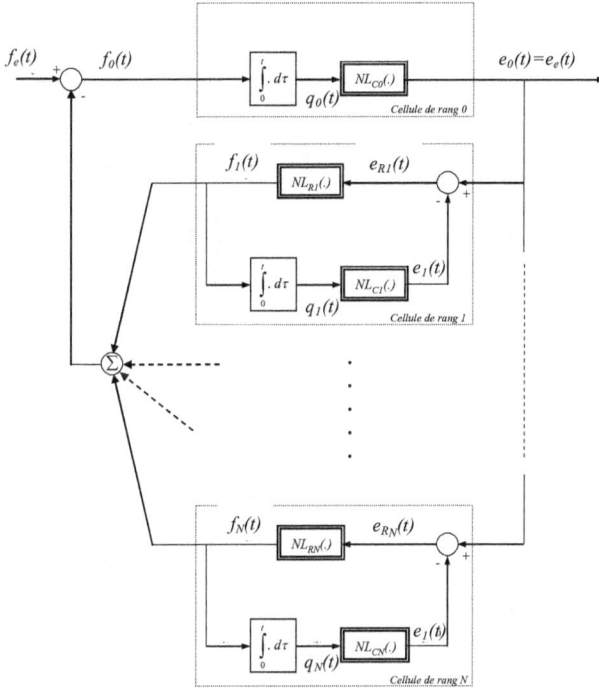

Figure 3.6 - *Schéma fonctionnel non linéaire de validation associé au réseau parallèle de cellules RC série*

Pour l'analyse, le schéma de la figure 3.6 est modifiée pour faire apparaitre les incertitudes structurelles additives. La figure 3.7 présente le schéma d'analyse associé avec séparation des parties linéaires et non linéaires, et mise sous forme d'incertitudes structurelles additives.

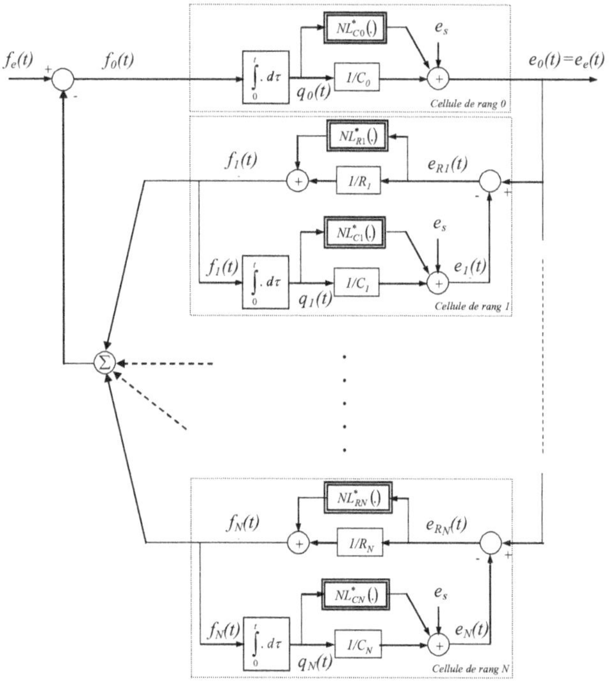

Figure 3.7 - *Schéma d'analyse associé à un réseau parallèle de cellules RC série avec séparation des parties linéaires et non linéaires, et mise sous forme d'incertitudes structurelles*

Finalement, le schéma du ***modèle linéaire de synthèse*** associé à ce réseau parallèle de cellules RC série se déduit facilement du schéma d'analyse présenté figure 3.7 en considérant que les incertitudes structurelles sont négligeables.

Remarques

*La séparation des parties linéaires et non linéaires avec mise sous forme d'incertitudes structurelles additives est principalement utilisée pour montrer le lien entre le **modèle linéaire de synthèse** et le **modèle non linéaire de validation**.*

Par contre, pour la détermination des noyaux de Volterra qui s'appuie sur l'utilisation conjointe de la méthode de « l'harmonic probing » et de l'algèbre de George présentées en Annexe I, les parties linéaires et non linéaires des développements ne sont pas séparées. Le choix de l'ordre de la troncature des développements de Taylor se fait en simulation à l'aide d'une procédure itérative (qui commence avec l'ordre 1, puis 2, etc...) comportant un critère d'arrêt basé sur la précision désirée entre les réponses en présence des fonctions non linéaires et les réponses en présence de leurs développements, et ce pour une entrée et l'état paramétrique jugés comme étant des plus sévères dans le respect des limites de fonctionnement du support d'étude.

La dernière étape consiste à associer le réseau non linéaire étudié avec un élément I (figure 3.8) pour obtenir un SDNE de 1ère espèce tel que défini aux chapitres 1 et 2.

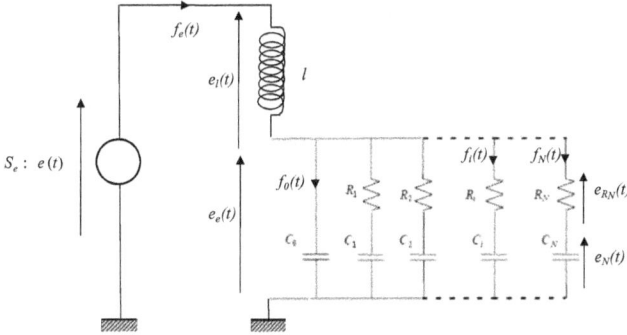

Figure 3.8 - *Association du réseau non linéaire étudié avec un élément I pour obtenir un SDNE de 1ère espèce*

Les relations causales qui décrivent le comportement dynamique de ce SDNE de 1ère espèce sont données par :

$$\begin{cases} e_l(t) = e(t) - e_e(t) \\ f_e(t) = \dfrac{1}{l} \int_0^t e_l(\tau)\, d\tau + f_e(0) \ , \\ e_e(t) = NL_{RC}\big(f_e(t)\big) \end{cases} \tag{3.81}$$

où $NL_{RC}(.)$ représente la relation dynamique non linéaire entre l'effort $e_e(t)$ et le flux $f_e(t)$ généralisés à l'entrée du réseau RC considéré, la représentation d'état non linéaire associée à $NL_{RC}(.)$ étant de la forme :

$$\begin{cases} \underline{\dot{x}}_{RC} = g\big(t, \underline{x}_{RC}\big) + u_{RC} \\ y_{RC} = h\big(t, \underline{x}_{RC}\big) \end{cases} , \tag{3.82}$$

où $\quad u_{RC} = f_e(t) \in \Re, \quad y_{RC} = e_e(t) \in \Re \quad$ et $\quad \underline{x}_{RC} = \begin{pmatrix} x_{0_{RC}} = q_0(t) \\ \cdots\cdots\cdots\cdots \\ \cdots\cdots\cdots\cdots \\ x_{N_{RC}} = q_N(t) \end{pmatrix} \in \Re^{N+1}$.   (3.83)

La figure 3.9 présente le schéma causal établi à partir des relations (3.81).

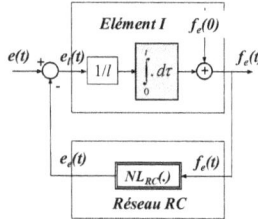

Figure 3.9 - *Schéma causal du SDNE de 1ère espèce résultant de l'association du réseau non linéaire étudié avec un élément I*

3.3.1.2   Analyse à l'aide des séries de Volterra classiques

Introduites par Vito Volterra [Volterra, 1959] au cours des années 30, puis utilisées par Norbert Wiener [Wiener, 1958] à la fin des années 50, les séries de Volterra sont un outil mathématique permettant de décrire le comportement d'un système dynamique non linéaire. Elles constituent, en fait, une généralisation du produit de convolution. Ainsi, les formules de transformation de Laplace et de Fourier, développées dans le cas des fonctions monovariables, peuvent être généralisées aux fonctions multivariables. Il est alors possible de donner une représentation des réponses impulsionnelles d'ordre k, appelées noyaux de Volterra. La décomposition en série de Volterra de la réponse d'un système non linéaire pour une entrée donnée met donc en évidence que la réponse du système n'est autre que la somme des convolutions de chacun des noyaux avec l'entrée donnée (figure 3.10).

Sachant que la réponse correspondant au noyau d'ordre 1 est relative à la partie linéaire du système et que les réponses correspondant aux noyaux d'ordre supérieur à l'unité sont relatives à la partie non linéaire, il est possible d'évaluer les contributions des parties linéaire et non linéaire à la réponse du système, et de définir pour une précision donnée l'ordre à partir duquel la troncature de la série peut être faite.

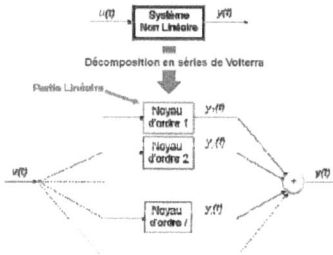

Figure 3.10 - *Illustration de la décomposition en séries de Volterra*

L'un des aspects intéressants des séries de Volterra est de pouvoir continuer l'analyse dans le domaine fréquentiel malgré la présence de non-linéarités. En effet, en régime harmonique stationnaire, la transformée de Fourier du noyau d'ordre 1, qui est une fonction monovariable, n'est autre que la réponse fréquentielle de la partie linéaire dont les diagrammes de Bode peuvent être tracés sans le moindre problème. La transformée de Fourier du noyau d'ordre 2 est une fonction à deux variables dont les diagrammes de Bode peuvent encore être tracés (en trois dimensions), les tracés devenant impossibles à partir du noyau d'ordre 3.

Cependant, du fait de la difficulté à déterminer des noyaux d'ordre élevé, leur champ d'application est limité aux dispositifs faiblement non linéaires et/ou pour des conditions d'excitation aux petits signaux. Les séries de Volterra *classiques* ne sont donc pas adaptées pour les fortes non-linéarités telles qu'observées, par exemple, dans les amplificateurs de puissance [Bennadji, 2006]. C'est la raison pour laquelle des extensions ont été introduites telles que les séries de Volterra *dynamiques* afin d'améliorer les propriétés de convergence des séries classiques pour pouvoir traiter de fortes non-linéarités. Le lecteur intéressé trouvera dans [Bennadji, 2006] les détails concernant ce type de séries.

En ce qui concerne le SDNE de 1ère espèce non linéaire, l'établissement des expressions analytiques des noyaux de Volterra se fait en trois étapes.

La première étape se situe à l'échelle des éléments R_i et C_i du réseau. Le calcul des noyaux des expressions non linéaires (3.73) de $NL_{Ci}(q_i(t))$ et (3.77) de $NL_{Ri}(e_{Ri}(t))$ se fait en utilisant l'"*harmonic probing method*" présentée en Annexe I. Dans le contexte étudié, l'expérience montre que les trois premiers noyaux sont suffisants pour l'analyse (Chapitre

4). Ainsi, dans le domaine opérationnel, les expressions des noyaux d'ordre $j = 1$ à 3 pour les éléments de rang i résistifs $H_j^{R_i}(.)$ et capacitifs $H_j^{C_i}(.)$ sont de la forme :

$$\begin{cases} H_1^{R_i}(s_1) = \dfrac{1}{R_i} \\ H_2^{R_i}(s_1, s_2) = a_{2_{R_i}} \\ H_3^{R_i}(s_1, s_2, s_3) = a_{3_{R_i}} \end{cases} \tag{3.84}$$

et

$$\begin{cases} H_1^{C_i}(s_1) = \dfrac{1}{C_i\, s_1} \\ H_2^{C_i}(s_1, s_2) = \dfrac{a_{2_{C_i}}}{s_1\, s_2} \\ H_3^{C_i}(s_1, s_2, s_3) = \dfrac{a_{3_{C_i}}}{s_1\, s_2\, s_3} \end{cases} . \tag{3.85}$$

La deuxième étape se situe à l'échelle du réseau RC (figure 3.6), dont l'entrée est le flux généralisé $f_e(t)$ et la sortie l'effort généralisé $e_e(t)$. A partir du schéma de la figure 3.6, les noyaux sont calculés en utilisant les règles de réduction de schéma définies par l'algèbre de Georges présentée en Annexe I.

Enfin, la dernière étape se situe à l'échelle du schéma bouclé du SDNE (figure 3.9), dont l'entrée est l'effort généralisé $e(t)$ et la sortie l'effort généralisé $e_e(t)$. Là encore, à partir du schéma de la figure 3.9, les noyaux sont calculés en utilisant les règles de réduction de schéma définies par l'algèbre de Georges.

3.3.1.3 *Analyse et résultats*

L'analyse de l'influence des non-linéarités des cellules RC du réseau étudié sur le comportement dynamique du SDNE de 1ère espèce, notamment sur la robustesse du degré de stabilité vis-à-vis des incertitudes structurelles, est faite d'abord d'un point de vue *qualitatif* à l'aide des domaines de fonctionnement de chaque élément R_i et C_i, puis d'un point de vue *quantitatif* à l'aide des séries de Volterra.

Ainsi, d'un point de vue *qualitatif*, le flux généralisé $f_e(t)$ généré se répartit dans le réseau en fonction des impédances d'entrée de chacune des cellules RC. L'expérience montre que, même pour de grandes variations correspondant aux limites de fonctionnement du dispositif, la répartition du flux généré dans chaque cellule RC conduit seulement à de petites variations autour de leurs points d'équilibre. Ce résultat est d'autant plus prononcé que le nombre N de cellules utilisées pour synthétiser l'intégrateur d'ordre non entier borné en fréquence est important. C'est la raison pour laquelle les séries de

Volterra *classique*s sont particulièrement bien adaptées à une analyse quantitative de l'influence des non-linéarités sur le comportement dynamique du SDNE.

D'un point de vue *quantitatif*, et après avoir vérifié que les conditions d'utilisation des séries de Volterra classiques sont bien réunies, la différence entre la réponse du modèle non linéaire et celle du noyau d'ordre 1 (partie linéaire) permet de quantifier, dans un premier temps, l'influence des non-linéarités sur le comportement dynamique, et ce pour une entrée donnée (figure 3.11).

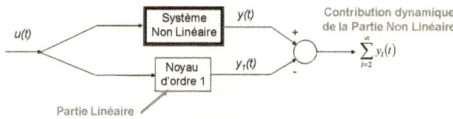

Figure 3.11 - *Illustration de la quantification de l'influence des non-linéarités sur le comportement dynamique du SDNE de 1ère espèce*

Ensuite, dans un deuxième temps, l'analyse de la contribution de chaque noyau permet de constater que l'influence des noyaux supérieurs à 3 est négligeable quelle que soit la nature de la sollicitation (impulsion, échelon, rampe, sinus,…) [Serrier, 2008].

Le principal résultat important à retenir (présenté en détail au chapitre 4) est que les non-linéarités des cellules RC du réseau étudié ne modifient pas la robustesse du degré de stabilité vis-à-vis des incertitudes structurelles, prolongeant ainsi dans un contexte non linéaire les performances obtenues dans un contexte linéaire.

3.3.2   Prise en compte des dynamiques négligées

Lors de la synthèse de l'intégrateur d'ordre non entier borné en fréquence, les liaisons (selon les domaines : fils électriques, canalisations hydrauliques, pièces mécaniques, …) entre les différentes cellules RC sont supposées parfaites (pas de phénomène dissipatif, capacitif ou inertiel). En réalité, ces liaisons sont le siège de phénomènes « parasites » qui peuvent modifier le comportement non entier désiré.

D'un point de vue de la modélisation, ces phénomènes peuvent être considérés sous la forme de cellules IRC et interprétés comme des incertitudes structurelles. Le choix de la structure de ces cellules parasites n'est pas unique, il dépend du domaine considéré de la physique. Dans le cadre de ce mémoire, la structure retenue pour cette analyse est directement issue de la mécanique des fluides où les phénomènes à paramètres distribués caractérisés par des équations aux dérivées partielles sont abordés à l'aide de modèles à paramètres localisés. Ainsi, une portion de canalisation hydraulique (chapitre 4) de longueur L_i, de section S_i dans laquelle circule un fluide hydraulique de masse volumique ρ, de viscosité dynamique ν et de module de compressibilité B est le siège de phénomènes :

- inertiels caractérisés par un élément I dont le paramètre $l_i^* = \rho\, L_i\, /\, S_i$;

- dissipatifs (perte de charge régulière) caractérisés par un élément R de paramètre $r_i^* = 8\pi\, \nu\, L_i\, /\, S_i^2$;

- capacitifs (compressibilité du fluide) caractérisés par un élément C de paramètre $c_i^* = S_i\, L_i\, /\, B$;

La figure 3.12 illustre sous la forme d'un schéma « électrique » l'architecture des cellules parasites IRC qui présente l'avantage d'être suffisamment générique pour englober d'autre domaine. Ainsi, par exemple dans le domaine électrique (Chapitre 5), les liaisons (fils) sont uniquement le siège de phénomènes dissipatifs, simplifiant ainsi la structure de la cellule parasite qui est alors réduite à un simple élément R.

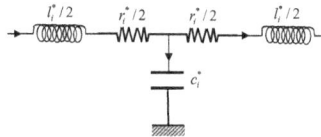

Figure 3.12 – *Représentation sous la forme d'un schéma « électrique » de l'architecture d'une cellule parasite IRC de rang i*

La figure 3.13 représente la nouvelle architecture de la cellule de rang i composée d'une cellule parasite IRC et d'une cellule fonctionnelle RC

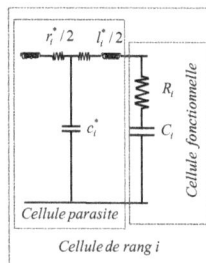

Figure 3.13 – *Nouvelle architecture de la cellule de rang i composée d'une cellule parasite IRC et d'une cellule fonctionnelle RC*

L'objectif de ce paragraphe est donc d'établir les conditions de découplage dynamique à l'échelle de chaque cellule pour que les effets parasites ne modifient pas le comportement non entier aux moyennes fréquences où le comportement a été synthétisé.

Afin de se focaliser uniquement sur les incertitudes structurelles associées aux phénomènes parasites dans la suite de ce paragraphe, les incertitudes paramétriques ainsi que les incertitudes structurelles associées aux non-linéarités sont supposées négligeables.

La figure 3.14 présente sous la forme d'un schéma « électrique » le SDNE de $1^{\text{ère}}$ espèce dont le réseau RC est modifié pour prendre en compte les phénomènes parasites.

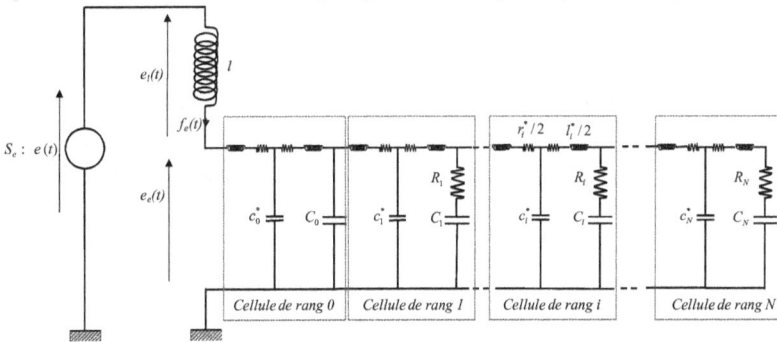

Figure 3.14 – *Représentation sous la forme d'un schéma « électrique » du SDNE de 1ère espèce avec prise en compte des phénomènes parasites*

D'un point de vue mathématique, l'obtention de la nouvelle expression analytique de l'impédance d'entrée du réseau se fait sans aucune difficulté en utilisant l'approche quadripôle présentée au chapitre 2. A l'issue de la phase de conception, la connaissance des valeurs numériques de tous les paramètres du réseau permet alors d'obtenir les valeurs des zéros et des pôles, de tracer les réponses fréquentielles, notamment celles de l'impédance d'entrée, et les réponses temporelles, facilitant *a posteriori* l'analyse numérique de l'influence de ces incertitudes structurelles sur le comportement dynamique du SDNE.

En amont de cette étape, l'objectif est d'établir *a priori* des préconisations d'aide à la conception. Dans ce cadre, l'expression analytique de l'impédance d'entrée du réseau est inexploitable en raison de la complexité de son expression d'autant plus importante que le nombre N de cellules est important.

Afin de bien comprendre en quoi les effets parasites déstructures le SDNE de $1^{\text{ère}}$ espèce, le schéma causal initial sans la prise en compte des incertitudes structurelles est rappelé figure 3.15 en introduisant des notations du domaine opérationnel (sous l'hypothèse de conditions initiales nulles), et ce dans la mesure où le système est supposé linéaire, soit :

$$\begin{cases} Y_I(s) = \dfrac{F_e(s)}{E(s) - E_e(s)} = \dfrac{1}{l\,s} \\[2mm] Z_{C_i}(s) = \dfrac{E_{C_i}(s)}{F_i(s)} = \dfrac{1}{C_i\,s} \\[2mm] Y_{R_i}(s) = \dfrac{F_i(s)}{E_{R_i}(s)} = \dfrac{1}{R_i} \end{cases} \qquad (3.86)$$

où $F_e(s)$ et $F_i(s)$ représentent les transformées de Laplace du flux généralisé à l'entrée du réseau RC et du flux généralisé traversant la cellule de rang i, $E(s)$, $E_e(s)$, $E_{R_i}(s)$ et $E_{C_i}(s)$ les transformées de Laplace de la source d'effort généralisé, de l'effort généralisé à l'entrée du réseau RC et des efforts généralisés aux bornes des éléments R et C de la cellule de rang i, $Y_I(s)$ représente l'admittance de l'élément I, $Z_{C_i}(s)$ et $Y_{R_i}(s)$ l'impédance de l'élément C et l'admittance de l'élément R, respectivement, de rang i.

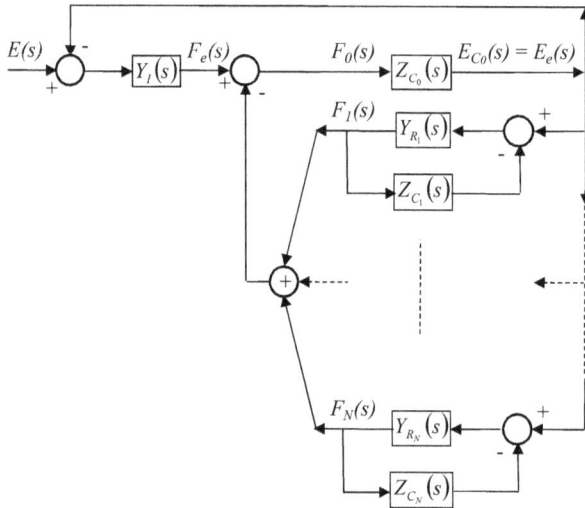

Figure 3.15 – *Représentation sous la forme d'un schéma causal du SDNE de 1ère espèce sans prise en compte des phénomènes parasites*

La figure 3.16 présente le schéma utilisé pour la comparaison avec celui où les effets parasites sont pris en compte. La réduction du schéma à l'échelle de chaque cellule conduit à une admittance $Y_{RC_i}(s)$ de rang i de la forme :

$$Y_{RC_i}(s) = \frac{Y_{R_i}(s)}{1 + Y_{R_i}(s) Z_{C_i}(s)} = \frac{C_i\, s}{1 + R_i\, C_i\, s} \quad . \tag{3.87}$$

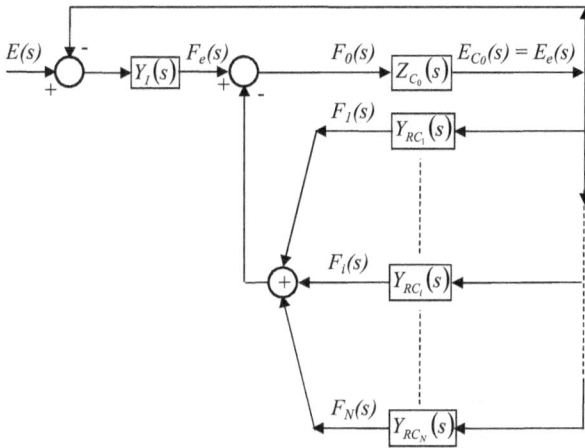

Figure 3.16 – *Représentation sous la forme d'un schéma causal du SDNE de 1ère espèce sans prise en compte des phénomènes parasites et après réduction à l'échelle de chaque cellule*

Dans un premier temps, pour faciliter l'analyse, l'élément fonctionnel I de paramètre l et l'élément parasite I de paramètre $l_0^*/2$ étant en série, ils sont regroupés en un seul élément I de paramètre incertain $\tilde{l}$ tel que :

$$\tilde{l} = l + \frac{l_0^*}{2} = l\left(1 + \frac{l_0^*}{2\,l}\right) . \tag{3.88}$$

Ensuite, l'élément parasite R de paramètre $r_0^*/2$ étant lui aussi en série avec l'élément I, il est regroupé conformément au schéma causal de la figure 3.17.a, qui après réduction conduit à celui de la figure 3.17.b où l'admittance $Y_{IR}(s)$ résultant de l'association de l'élément I incertain et de l'élément R parasite est de la forme :

$$Y_{IR}(s) = \frac{H_0}{1 + \dfrac{s}{\Omega_0}} \quad , \tag{3.89}$$

avec $\qquad H_0 = \dfrac{2}{r_0^*} \quad$ et $\quad \Omega_0 = \dfrac{r_0^*}{2\,\tilde{l}} \quad , \tag{3.90}$

où H_0 représente le gain statique et Ω_0 la fréquence transitionnelle.

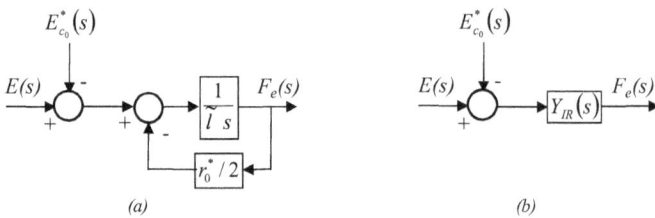

(a)   (b)

Figure 3.17 – *Représentation sous la forme d'un schéma causal de l'influence des effets parasites de la cellule de rang 0 sur l'élément fonctionnel I*

Enfin, le schéma causal avec la prise en compte des incertitudes structurelles est établi et présenté figure 3.18 en introduisant, là encore, des notations du domaine opérationnel (toujours sous l'hypothèse de conditions initiales nulles), soit :

$$\begin{cases} Y_i^*(s) = \dfrac{H_i}{1 + \dfrac{s}{\Omega_i^*}} \\[2mm] Z_{c_i}^*(s) = \dfrac{1}{c_i^* s} \\[2mm] Z_{RC_i}(s) = \dfrac{1 + R_i\,C_i\,s}{C_i\,s} \end{cases} , \tag{3.91}$$

avec $\qquad H_i = \dfrac{2}{r_i^*} \quad$ et $\quad \Omega_i^* = \dfrac{r_i^*}{l_i^*} \quad , \tag{3.92}$

où à l'échelle du rang i, $Y_i^*(s)$ représente l'admittance résultant de l'association en série d'un élément parasite R de paramètre $r_i^*/2$ et d'un élément parasite I de paramètre $l_i^*/2$, $Z_{c_i}^*(s)$ l'impédance d'un élément parasite C de paramètre c_i^* et $Z_{RC_i}(s)$ l'impédance de la cellule composée des éléments fonctionnels R et C en série.

-128-

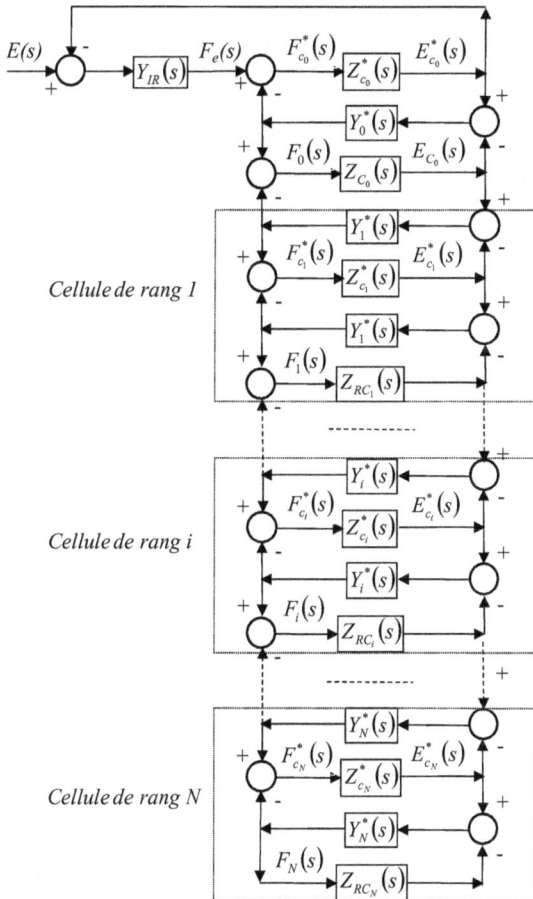

Figure 3.18 – *Représentation sous la forme d'un schéma causal du SDNE de 1ère espèce avec prise en compte des phénomènes parasites et après réduction du schéma causal associé à chaque cellule fonctionnelle RC et à chaque cellule parasite IR*

La comparaison des schémas des figures 3.16 et 3.18 permet de faire plusieurs remarques.

D'abord la prise en compte des phénomènes parasites déstructure complètement le schéma causal initial. Ainsi, le réseau n'est plus un arrangement parallèle de cellules RC série, mais un arrangement en cascade de cellules IRC en gamma.

Ensuite, le système vu par le réseau n'est plus un élément I de paramètre l, c'est-à-dire un intégrateur, mais un premier ordre résultant de l'association d'un élément I de paramètre incertain $\tilde{l}$ (relation (3.88)) et d'un élément parasite R de paramètre $r_0^* / 2$. Pour conserver un comportement intégrateur au voisinage de la fréquence au gain unité en boucle ouverte, ω_u, qui est une spécification du cahier des charges en matière de rapidité, et ce malgré la présence des phénomènes parasites, il faut que la fréquence de coupure Ω_0 du premier ordre ainsi défini soit très petite devant ω_u, d'où une première préconisation :

$$\Omega_0 << \omega_u . \tag{3.93}$$

De plus, pour respecter l'objectif de robustesse du degré de stabilité, il faut que ce comportement intégrateur existe sur toute la plage fréquentielle où le comportement non entier est synthétisé. Cet objectif est atteint en imposant une préconisation plus sévère que la précédente, à savoir :

$$\Omega_0 << \omega_A < \omega_u , \tag{3.94}$$

où ω_A représente la borne fréquentielle basse du gabarit fréquentiel [Oustaloup, 1995], c'est-à-dire la fréquence à partir de laquelle le blocage de phase de l'intégrateur d'ordre non entier borné en fréquence existe. Pratiquement, en imposant la contrainte $\Omega_0 \leq \omega_A / 10$, l'objectif est atteint.

Par ailleurs, idéalement, le réseau initial ne serait pas déstructuré si les impédances $Z_i^*(s) = 1/Y_i^*(s)$ résultant de l'association des éléments parasites I et R étaient nulles, et si les impédances $Z_{c_i}^*(s)$ des éléments parasites C étaient infinies, ou de manière équivalente compte tenu des relations (3.91), si les paramètres l_i^*, r_i^* et c_i^* des éléments parasites étaient tous nuls. En réalité, aussi petits puissent ils être, ces paramètres ne sont pas nuls. Il faut donc imposer des majorants à ces valeurs parasites eu égard aux valeurs paramétriques des éléments fonctionnels R et C du réseau initial, soit :

$$\forall i \in [0 ; N], \quad \max[r_i^*] << \min[R_i] \quad \text{et} \quad \max[c_i^*] << \min[C_i] . \tag{3.95}$$

Quant aux éléments parasites I, pour minimiser leur effet dans la plage fréquentielle où le comportement non entier est synthétisé, il faut que la plus petite des fréquences de coupure Ω_i^* des impédances $Z_i^*(s) = 1/Y_i^*(s)$, qui fixe la zone fréquentielle de transition à partir de laquelle les effets parasites de type I deviennent prépondérants devant les effets parasites de type R, soit grande devant la borne fréquentielle haute ω_B du gabarit fréquentiel, c'est-à-dire la fréquence à partir de laquelle le blocage de phase de l'intégrateur d'ordre non entier borné en fréquence n'existe plus, soit :

$$\forall\, i \in [0\,;N], \quad \omega_B << \min\left[\ \Omega_i^*\ \right]. \tag{3.96}$$

Pratiquement, en imposant la contrainte $10\,\omega_B \le \min\left[\ \Omega_i^*\ \right]$, l'objectif est atteint.

En résumé, à partir des données issues du cahier des charges et de la phase de synthèse (chapitres 1 et 2), à savoir ω_u, ω_A, ω_B, l, R_i et C_i, l'ensemble des préconisations à prendre en compte pour minimiser les effets parasites dans la plage fréquentielle où l'intégrateur d'ordre non entier est synthétisé sont :

$$\begin{cases} \Omega_0 << \omega_A \quad \Leftrightarrow \quad \dfrac{r_0^*}{2\,\tilde l} << \omega_A \\[4mm] \forall\, i \in [0\,;N], \quad \begin{cases} \max\left[\ r_i^*\ \right] << \min\left[\ R_i\ \right] \\[2mm] \max\left[\ c_i^*\ \right] << \min\left[\ C_i\ \right] \\[2mm] \omega_B << \min\left[\ \Omega_i^*\ \right] \quad \Leftrightarrow \quad \omega_B << \min\left[\ \dfrac{r_i^*}{l_i^*}\ \right] \end{cases} \end{cases} \tag{3.97}$$

3.4 Conclusion

La première partie de ce chapitre concerne l'analyse de l'influence des incertitudes paramétriques. Les résultats montrent, en ce qui concerne les incertitudes liées aux dispersions de fabrication, que leur influence est négligeable tant qu'elles restent inférieures à 10%. Pour les incertitudes associées aux paramètres physico-chimiques dépendant d'une grandeur telle que la pression ou la température, on montre que, dès l'instant où cette grandeur influente a la même valeur pour tous les composants R et C du réseau, ces incertitudes n'ont pas d'influence sur les facteurs récursifs et donc sur l'ordre non entier.

La deuxième partie est consacrée à l'analyse de l'influence des incertitudes structurelles. Les résultats mettent en évidence que l'influence des non-linéarités des composants R et C est négligeable même en présence de variations de grande amplitude du flux généralisé en entrée des réseaux RC, chaque composant R et C étant soumis à des variations dont l'amplitude est d'autant plus petite que le nombre N de cellules est important. Enfin, des contraintes sur les valeurs des éléments I, R et C parasites permettent de définir les limites du domaine dans lequel les hypothèses simplificatrices faites lors de la synthèse sont réalistes. Ces contraintes permettent d'établir des préconisations dans le cadre d'une aide à la conception des réseaux RC de base.

Ce troisième chapitre clôture la première partie du mémoire qui présente un caractère théorique et méthodologique et qui s'inscrit dans le cadre de la théorie des systèmes.

La seconde partie de ce mémoire est composée de deux chapitres à caractère applicatif dans les domaines de la mécanique et de l'électronique, l'objectif étant d'illustrer précisément la démarche proposée dans les trois premiers chapitres en prenant en compte les spécificités de ces deux domaines.

Chapitre 4 – SDNE dans le domaine de la mécanique : la suspension CRONE

4.1 Introduction

Dans le domaine du contrôle des vibrations, notamment en isolation vibratoire, l'équipe CRONE du laboratoire IMS a montré l'intérêt de la dérivation non entière à travers la mise en défaut de l'interdépendance masse-amortissement [Oustaloup, 1995]. En effet, dans le cadre de la dynamique des systèmes linéaires entiers (caractérisés par des équations différentielles linéaires d'ordres entiers), l'augmentation de la masse se traduit par une diminution de l'amortissement. Par contre, dans le cadre de la dynamique des systèmes linéaires non entiers (caractérisés par des équations différentielles linéaires d'ordres non entiers), l'amortissement est indépendant de la masse. Les conditions nécessaires à l'obtention de la mise en défaut de l'interdépendance masse-amortissement sont le résultat de l'approche CRONE [Ramus-Serment, 2001]. La suspension issue de cette approche, appelée **suspension CRONE**, est caractérisée par une impédance qui n'est autre qu'un intégrateur d'ordre non entier borné en fréquence [Serrier, 2008] défini par quatre paramètres (appelés paramètres de synthèse de haut niveau), et ce indépendamment de toute solution technologique. L'association de la masse suspendue (élément I) et de l'impédance de la suspension CRONE constitue un SDNE de 1ère espèce. D'un point de vue méthodologique, lorsque l'intégrateur est parfaitement défini par ses quatre paramètres, l'étape suivante consiste à rechercher une solution technologique pour sa réalisation [Serrier, 2008].

D'une manière générale, les solutions pour la mise en œuvre d'un intégrateur d'ordre non entier borné en fréquence ne sont pas uniques. Elles dépendent des technologies disponibles et des contraintes économiques associées au domaine d'application considéré. Toutefois, lorsqu'une solution passive est retenue, celle-ci est réalisée à partir de réseaux de cellules RC. Dans le domaine de l'automobile, par exemple, ces cellules RC peuvent être réalisées à partir d'éléments en matériaux viscoélastiques (suspension moteur) [Ramus-Serment, 2001] ou à partir d'éléments déjà existants (amortisseurs et sphères pour une suspension hydropneumatique) [Serrier, 2008]. Dans ce dernier cas, les spécificités liées à la technologie hydropneumatique introduisent principalement :

- des incertitudes paramétriques au niveau des capacités C_i en raison de leur dépendance à la pression statique, et donc à la masse suspendue considérée comme variable dans cette étude ;

- des incertitudes structurelles dues aux non-linéarités des éléments R et C, d'une part, et aux effets parasites des canalisations hydrauliques, d'autre part.

L'objectif de ce chapitre est donc d'illustrer dans le domaine de la mécanique, et en particulier dans celui de la technologie hydropneumatique, les développements des trois premiers chapitres effectués dans un cadre général.

Les résultats obtenus montrent que toutes les incertitudes des cellules RC des réseaux hydropneumatiques de la suspension CRONE n'affectent pas la robustesse du degré de stabilité vis-à-vis des variations de la masse suspendue, prolongeant ainsi dans un contexte non linéaire incertain la mise en défaut de l'interdépendance masse-amortissement obtenue dans un contexte linéaire incertain.

Ainsi, après une introduction permettant de situer le contexte dans lequel s'inscrit ce chapitre, le support d'étude est présenté, suivi par les développements conduisant à l'établissement d'un *modèle de validation* prenant en compte les incertitudes des éléments R et C du réseau hydropneumatique.

Ensuite, autour de la position d'équilibre statique, une linéarisation est effectuée afin d'établir un *modèle de synthèse*. Les performances obtenues avec la synthèse linéaire des réseaux hydropneumatiques des suspensions traditionnelle et CRONE sont rappelées. Enfin, les réponses des modèles de synthèse et de validation sont confrontées pour illustrer l'influence des incertitudes.

4.2　Présentation du support d'étude

Le support d'étude est un dispositif hydraulique composé d'une masse M reliée mécaniquement à un vérin hydraulique simple effet (figure 4.1). Ce vérin est appelé vérin de suspension par analogie au vérin de suspension des véhicules automobiles équipés de suspension hydropneumatique. Pour ce support d'étude, la masse suspendue M peut varier de 75 à 150 kg grâce à la présence de masses additionnelles. Les déplacements verticaux de la base du vérin et de la masse suspendue sont repérés par $z_0(t)$ et $z_1(t)$ respectivement, $f_0(t)$ étant une sollicitation en force appliquée à la masse suspendue.

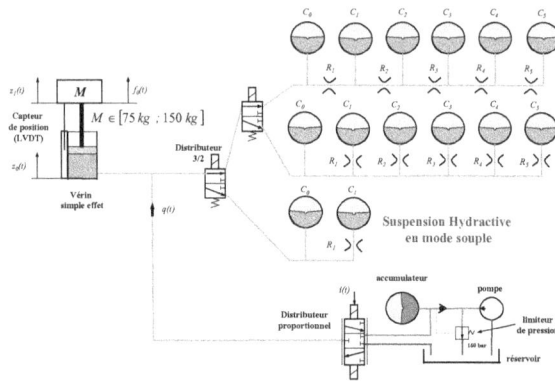

Figure 4.1 - *Schéma hydraulique du support d'étude*

Le vérin de suspension est connecté à un circuit hydraulique composé de deux parties.

La première est constituée d'un groupe électropompe équipé d'un conjoncteur-disjoncteur et d'un distributeur commandé en courant $i(t)$ délivrant un débit $q_c(t)$. Son rôle est de maintenir à une valeur de référence fixe la position d'équilibre statique de la masse M pour toutes les valeurs comprises au moins entre 75 et 150 kg. Cet objectif est atteint grâce à la présence d'une boucle de régulation de hauteur.

La seconde est composée de plusieurs réseaux hydropneumatiques constitués de $N+1$ accumulateurs hydropneumatiques et de N résistances hydrauliques. Ces réseaux sont dimensionnés pour présenter une impédance hydropneumatique d'entrée d'ordre non entier. Ils jouent le rôle d'une suspension hydropneumatique.

Les accumulateurs hydropneumatiques, aussi appelés sphères de suspension, sont des éléments capacitifs. Ils sont constitués d'une sphère métallique qui contient une membrane en élastomère. Cette membrane divise l'espace intérieur en deux cavités indépendantes. Une des cavités est reliée au fluide du circuit hydraulique auquel est raccordée la sphère, l'autre cavité contient un gaz neutre (azote), à une pression P_0 (pression de tarage) et à un volume V_0 au repos.

Les amortisseurs hydrauliques sont des éléments résistifs. Pour cette raison, ils sont également désignés par le terme résistance hydraulique par la suite.

Le schéma de commande associé au support d'étude est présenté figure 4.2. La boucle externe, qui régule la position d'équilibre statique à une valeur égale à la moitié de la course du vérin de suspension, présente une rapidité identique à celle du régulateur de hauteur d'un véhicule équipé d'une suspension hydropneumatique, rapidité caractérisée par une fréquence au gain unité en boucle ouverte de 0.1 rad/s. Quant à la boucle interne présentée en détail dans la suite, elle est synthétisée pour présenter une rapidité identique à celle du mode de pompage de la masse suspendue d'un véhicule de tourisme équipé d'une suspension hydropneumatique, rapidité caractérisée par une fréquence au gain unité en boucle ouverte de 6 rad/s. La boucle interne étant 60 fois plus rapide que la boucle externe, ces deux boucles sont considérées comme étant dynamiquement découplées. Ainsi, la position d'équilibre statique imposée par la boucle externe n'est pas affectée par les variations des entrées exogènes ($f_0(t)$ sollicitation en force et $v_0(t)$ sollicitation en vitesse) de la boucle interne. L'étude du comportement dynamique consiste bien en une étude des variations des variables de la boucle interne autour de la position d'équilibre imposée par la boucle externe.

Dans un premier temps, et à titre de comparaison pour la suite, un réseau avec $N = 1$ est utilisé comme élément de référence (figure 4.3). Ce réseau correspond à la toute première itération pour la construction d'un réseau à N cellules d'un arrangement parallèle de cellules RC en série. Il définit une suspension traditionnelle.

Dans la mesure où la boucle externe est dynamiquement découplée, celle-ci est volontairement négligée dans la suite.

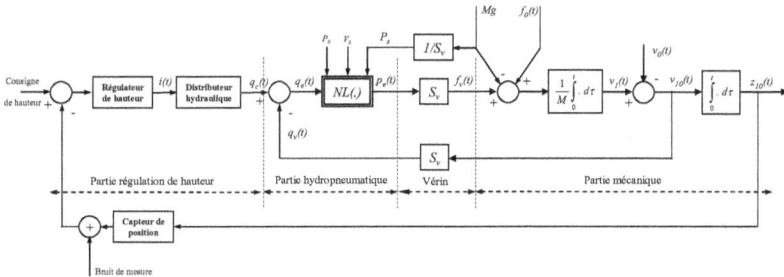

Figure 4.2 - *Schéma de commande associé au support d'étude*

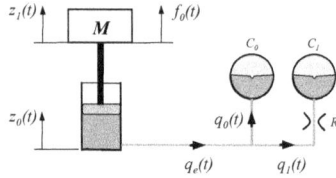

Figure 4.3 -   *Schéma hydraulique du support d'étude en considérant un arrangement*
parallèle de deux cellules dont une RC (N = 1), point de départ pour la construction
d'un arrangement de N+1 cellules

4.3 Modélisation

L'objectif de ce paragraphe est d'établir un modèle linéaire pour la synthèse. C'est la raison pour laquelle les effets parasites sont d'abord supposés négligeables. Leur influence est ensuite analysée à l'issue de la synthèse.

Ainsi, l'application du principe fondamental de la dynamique à la masse M conduit à une équation de la forme

$$M \ \ddot{z}_1(t) = f_0(t) + f_v(t) - Mg \ , \tag{4.1}$$

où $f_0(t)$ désigne la force d'excitation appliquée à la masse M et $f_v(t)$ la force développée par le vérin résultant de la pression $p_v(t)$, soit :

$$f_v(t) = S_v \ p_v(t) \ , \tag{4.2}$$

avec S_v la section utile du vérin.

Si on suppose dans un premier temps que la canalisation qui relie le vérin au réseau hydraulique est parfaite, alors la pression $p_e(t)$ à l'entrée du réseau est égale à la pression $p_v(t)$ dans le vérin.

Lorsque le régulateur de hauteur ne fonctionne pas en raison du découplage dynamique, le débit entrant $q_e(t)$ dans le réseau hydraulique est égal au débit de déplacement $q_v(t)$ généré par la vitesse de débattement $v_0(t) - v_1(t)$ du vérin, soit :

$$q_e(t) = q_v(t) \ , \tag{4.3}$$

avec

$$q_v(t) = S_v \ (v_0(t) - v_1(t)) \ , \tag{4.4}$$

où $v_0(t)$ et $v_1(t)$ représentent les vitesses verticales de la base du vérin ($v_0(t) = dz_0(t)/dt$) et de la masse M ($v_1(t) = dz_1(t)/dt$).

4.3.1 Prise en compte des non-linéarités

La relation non linéaire $NL_{Ci}(.)$ entre la pression du gaz $p_i(t)$ et la variation de volume du liquide $v_{li}(t)$ de la sphère de rang i est de la forme [Serrier, 2008] :

$$p_i(t) = \frac{P_s}{\left(1 - \dfrac{P_s}{P_{0i} V_{0i}} v_{li}(t)\right)^\gamma}, \quad \text{avec} \quad v_{li}(t) \in \left]0 ; V_{0i}\right[, \tag{4.5}$$

où P_s désigne la pression statique dans le vérin ($P_s = Mg/S_v$), P_{0i} et V_{0i} la pression de gonflage et le volume de la sphère de rang i, γ une constante caractérisant l'évolution du gaz dans la sphère ($\gamma=1,4$ pour une évolution adiabatique, 1 pour une évolution isotherme), $v_{li}(t)$ étant donné par

$$v_{li}(t) = \int_0^t q_i(\tau)\, d\tau . \tag{4.6}$$

La relation (4.5) est issue de la modélisation de la sphère dans laquelle l'azote est considéré comme un gaz parfait.

La figure 4.4 présente le schéma causal non linéaire associé à la sphère de rang i.

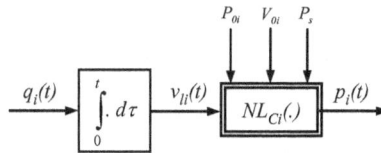

Figure 4.4 - *Schéma causal non linéaire associé à la sphère de rang i*

Par ailleurs, la relation non linéaire entre le débit $q_i(t)$ traversant la résistance hydraulique de rang i et la perte de charge $\Delta p_{Ri}(t)$ aux bornes de celle-ci peut être caractérisée, à partir de mesures sur banc [Florez-Gonzalez, 2010] [Moreau *et al.*, *2011*], par une relation analytique de la forme :

$$q_i(t) = \frac{P_{R_i}}{R_i} \operatorname{arctan} h\left(\frac{1}{P_{R_i}} \Delta p_{Ri}(t)\right), \quad \text{avec} \quad \left|\Delta p_{Ri}(t)\right| < P_{R_i}, \tag{4.7}$$

où arctanh représente la fonction arctangente hyperbolique, P_{Ri} la valeur asymptotique de la pression de la résistance de rang i (saturation), R_i l'inverse de la pente à l'origine de la caractéristique pression-débit (valeur de la résistance dans la zone linéaire). Bien qu'il n'y ait pas de causalité préférentielle pour un élément R [Dauphin-Tanguy, 2000], le schéma fonctionnel non linéaire (respectant les causalités intégrales) associé au réseau hydropneumatique de l'itération 1 ($N = 1$) présenté figure 4.5 met bien en évidence qu'il s'agit de la relation (4.7), notée $NL_{Ri}(.)$, qui est utilisée.

Il est à noter que l'absence de résistance hydraulique dans la cellule de rang 0 conduit à l'égalité $p_0(t) = p_e(t)$.

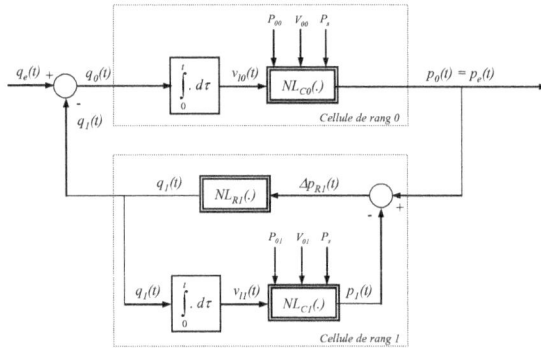

Figure 4.5 - *Schéma fonctionnel non linéaire associé au réseau hydropneumatique de la suspension de référence (itération 1 : N = 1)*

A partir de la modélisation obtenue pour la suspension de référence ($N = 1$), la généralisation de la modélisation de la boucle à un réseau parallèle de $N+1$ cellules RC en série est immédiate [Serrier, 2008]. La figure 4.6 présente le schéma fonctionnel non linéaire associé au réseau hydropneumatique de la suspension CRONE pour N quelconque.

Finalement, la figure 4.7 présente le schéma fonctionnel de la boucle interne associé à l'ensemble masse-vérin-réseau hydropneumatique quel que soit le nombre de cellules considéré. Ce modèle non linéaire constitue le ***modèle de validation*** [A.Z.Daou *et al.*, 2011.a].

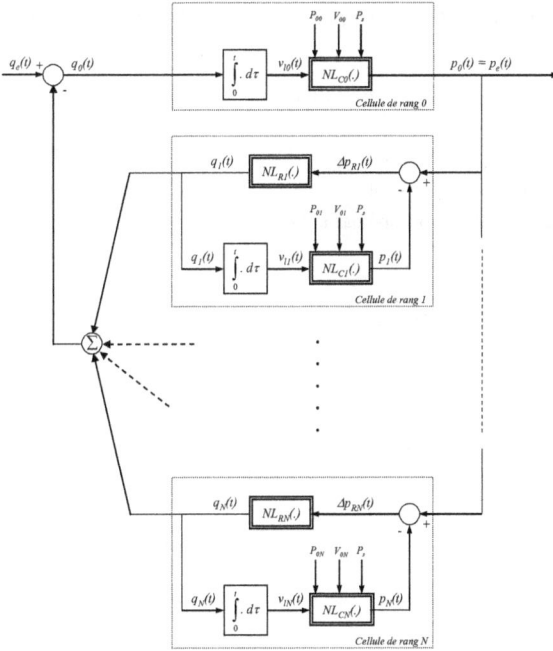

Figure 4.6 - *Schéma fonctionnel non linéaire associé au réseau hydropneumatique de la suspension CRONE pour N quelconque*

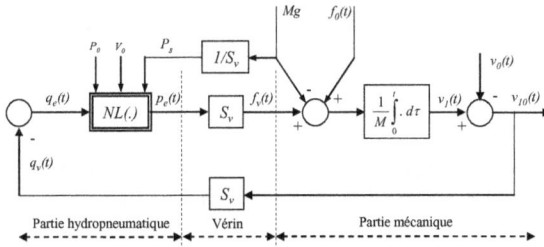

Figure 4.7 - *Schéma fonctionnel non linéaire associé à l'ensemble masse-vérin-réseau hydropneumatique (cf. boucle interne figure 4.2)*

4.3.2   Linéarisation

Pour les ***accumulateurs hydropneumatiques,*** la fonction non linéaire $NL_{Ci}(.)$ est de la forme :

$$NL_{Ci}(x) = \frac{A}{(1 - \alpha x)^{\gamma}}, \quad \text{en posant} \quad x = v_{li}(t), \quad A = P_s \quad \text{et} \quad \alpha = \frac{P_s}{P_{0i} V_{0i}} \quad . \quad (4.8)$$

Cette fonction est définie $\forall x \neq 1/\alpha$, continue sur l'intervalle $]0$, $V_{0i}[$ et continûment dérivable, d'où son développement en série de Taylor autour du point d'équilibre (v_{lis}, P_s), où v_{lis} représente le volume occupé par le liquide hydraulique à l'équilibre statique dans la sphère de rang i :

$$p_i(t) = P_s + \gamma \frac{P_s^2}{P_{0i} V_{0i}} v_{li}(t) + \frac{\gamma(\gamma+1)}{2} \frac{P_s^3}{P_{0i}^2 V_{0i}^2} v_{li}^2(t) +$$
$$... + \frac{\gamma(\gamma+1)...(\gamma+n-1)}{n!} \frac{P_s^{n+1}}{P_{0i}^n V_{0i}^n} v_{li}^n(t) + 0\left(v_{li}^n(t)\right) \quad . \quad (4.9)$$

Afin d'établir facilement le lien entre le modèle linéaire de synthèse et le modèle non linéaire de validation, les parties linéaires et non linéaires sont séparées, soit :

$$p_i(t) = P_s + \frac{1}{C_i} v_{li}(t) + NL_{Ci}^*\left(v_{li}(t)\right) , \quad (4.10)$$

où $NL_{Ci}^*\left(v_{li}(t)\right)$ représente la somme des termes de la série supérieurs à l'ordre 1 et C_i la capacité hydropneumatique de la sphère de rang i, avec

$$C_i = \frac{P_{0i} V_{0i}}{\gamma (Mg/S_v)^2} , \quad (4.11)$$

sachant que $P_s = Mg/S_v$.

Pour les ***résistances hydrauliques,*** la fonction non linéaire $NL_{Ri}(.)$ est de la forme :

$$NL_{Ri}(x) = B \operatorname{arctan} h(\beta x), \quad \text{en posant} \quad x = \Delta p_{Ri}(t), \quad B = \frac{P_{Ri}}{R_i} \quad \text{et} \quad \beta = \frac{1}{P_{Ri}} \quad . \quad (4.12)$$

Cette fonction est définie $\forall |x| < P_{R_i}$, continue sur l'intervalle $] -P_{Ri}$, $+P_{Ri}$ [et continûment dérivable, d'où son développement en série de Taylor autour du point d'équilibre correspondant dans le diagramme débit-pression à l'origine $(0,0)$:

$$q_i(t) = 0 + \frac{1}{R_i} \Delta p_{Ri}(t) + 0 + \frac{1}{3R_i P_{Ri}^2} \Delta p_{Ri}^3(t) + ... + 0\left(\Delta p_{Ri}^n(t)\right) . \quad (4.13)$$

Toujours pour faciliter l'établissement du lien entre le modèle linéaire de synthèse et le modèle non linéaire de validation, les parties linéaires et non linéaires sont séparées, soit :

$$q_i(t) = \frac{1}{R_i} \Delta p_{Ri}(t) + NL^*_{Ri}(\Delta p_{Ri}(t)) \; , \tag{4.14}$$

où $NL^*_{Ri}(\Delta p_{Ri}(t))$ représente la somme des termes de la série supérieurs à l'ordre 1.

La figure 4.8 présente le schéma d'analyse associé au réseau hydraulique de l'exemple d'illustration dans le cas $N = 1$ avec séparation des parties linéaires et non linéaires, et mise sous forme d'incertitudes structurelles additives.

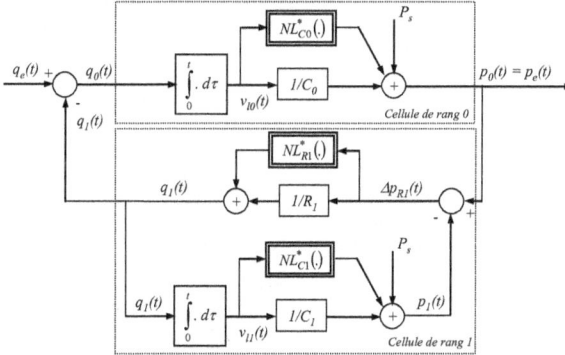

Figure 4.8 - *Schéma d'analyse associé au réseau hydropneumatique de la suspension hydractive en mode souple (N = 1) avec séparation des parties linéaires et non linéaires, et mise sous forme d'incertitudes structurées*

Le schéma fonctionnel de la figure 4.9 est une extension du schéma précédent pour un réseau parallèle de cellules RC série avec N quelconque [A.Z.Daou et al., 2010.c].

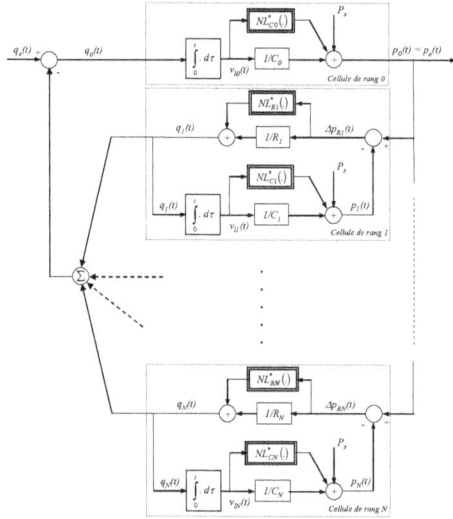

Figure 4.9 - *Schéma d'analyse associé au réseau hydropneumatique de la suspension CRONE avec séparation des parties linéaires et non linéaires, et mise sous forme d'incertitudes structurées*

La figure 4.10 présente le schéma fonctionnel de l'ensemble masse-vérin-réseau hydropneumatique où les parties non linéaires ont été enlevées et où les parties linéaires sont regroupées dans l'impédance hydropneumatique d'entrée Z_{HeN} du réseau. Ce schéma causal défini ainsi le **modèle de synthèse**.

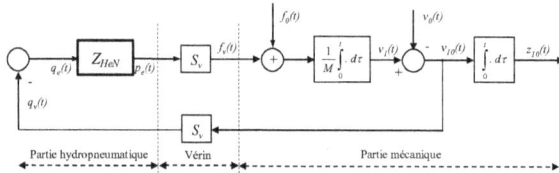

Figure 4.10 - *Schéma fonctionnel linéaire de l'ensemble masse-vérin-réseau hydropneumatique*

Dans le cas où $N = 1$ (suspension traditionnelle), la réduction du schéma de la figure 4.8 en l'absence des non-linéarités conduit à une impédance $Z_{HeN}(s)$ de la forme :

$$Z_{He1}(s) = \frac{K}{s} \left(\frac{1 + \dfrac{s}{\omega_z}}{1 + \dfrac{s}{\omega_p}} \right), \qquad (4.15)$$

où K est une constante positive, ω_z et ω_p les fréquences transitionnelles basse et haute ($\omega_z <$ ω_p), ces 3 paramètres étant fonction des paramètres C_0, C_1 et R_1, soit :

$$K = \frac{1}{C_0 + C_1}, \quad \omega_z = \frac{1}{R_1 C_1} \quad \text{et} \quad \omega_p = \frac{C_0 + C_1}{R_1 C_1 C_0} \quad \text{avec} \quad \frac{\omega_p}{\omega_z} = 1 + \frac{C_1}{C_0} > 1 . \quad (4.16)$$

Compte tenu de l'expression (4.11) de C_i, les 3 paramètres K, ω_z et ω_p dépendent de la masse M. Par contre, le rapport ω_p/ω_z est indépendant de M $\left(\omega_p / \omega_z = 1 + (P_{01} V_{01}) / (P_{00} V_{00}) \right)$.

Dans le cas où $N = 5$ (suspension CRONE), la réduction du schéma de la figure 4.9 en l'absence des non-linéarités conduit à une impédance $Z_{HeN}(s)$ de la forme :

$$Z_{He5}(s) = \frac{D_0}{s} \prod_{i=1}^{N=5} \left(\frac{1 + \dfrac{s}{\omega_{zi}}}{1 + \dfrac{s}{\omega_{pi}}} \right), \qquad (4.17)$$

où D_0 est une constante positive, ω_{zi} et ω_{pi} les fréquences transitionnelles basses et hautes ($\omega_{zi} < \omega_{pi}$), ces paramètres étant fonction des paramètres C_i et R_i. Là encore, compte tenu de l'expression (4.11) de C_i, les paramètres D_0, ω_{zi} et ω_{pi} dépendent de la masse M, mais les rapports ω_{pi}/ω_{zi} sont indépendants de M.

En fait, cette impédance $Z_{He5}(s)$ est une approximation d'un intégrateur d'ordre non entier borné en fréquence, noté $I_{NE}(s)$, de la forme :

$$I_{NE}(s) = \frac{D_0}{s} \left(\frac{1 + \dfrac{s}{\omega_b}}{1 + \dfrac{s}{\omega_h}} \right)^m , \qquad (4.18)$$

où m est l'ordre non entier compris entre 0 et 1, ω_b et ω_h les fréquences transitionnelles basse et haute ($\omega_b < \omega_h$).

En résumé, l'impédance Z_{HeN} est composée d'un intégrateur en cascade avec un terme à avance de phase, mono-cellule dans le cas $N = 1$ et multi-cellules dans le cas $N = 5$.

Par ailleurs, on peut remarquer sur la figure 4.10, contrairement au schéma de la figure 4.7, que le poids Mg n'apparaît plus de manière *explicite* dans le bilan des efforts extérieurs appliqués à la masse M dans la mesure où il est compensé par la pression statique P_s du réseau hydropneumatique ($Mg = S_v P_s$). Par contre il apparaît toujours de manière *implicite* dans les expressions (4.9) des capacités C_i et dans les expressions (4.11) des relations non linéaires $NL^*_{Ci}(.)$.

De plus, il est important de noter pour la suite que les fréquences transitionnelles ω_z, ω_p, ω_{zi} et ω_{pi} dépendent de la masse M à travers les capacités hydropneumatiques, mais que les rapports ω_p/ω_z, (relation (4.17)) pour la suspension traditionnelle, et ω_{pi}/ω_{zi}, pour la suspension CRONE, sont indépendants de M.

La synthèse du réseau hydropneumatique se fait donc sous l'hypothèse de petites variations, ce qui revient à négliger dans un premier temps les parties non linéaires.

4.4 Synthèse

4.4.1 Rappel

Le schéma pour la synthèse (figure 4.11) est déduit du schéma fonctionnel linéaire de la figure 4.10 où l'expression de la fonction de transfert en boucle ouverte $L(s)$ est donnée par :

$$L(s) = I_N(s) G(s) , \qquad (4.19)$$

en posant
$$G(s) = \frac{1}{l\,s} \quad \text{avec} \quad l = \frac{M}{S_v^2} , \qquad (4.20)$$

pour $N = 1$ (suspension traditionnelle)

$$I_1(s) = \frac{K}{s}\left(\frac{1 + \dfrac{s}{\omega_z}}{1 + \dfrac{s}{\omega_p}}\right) \qquad (4.21)$$

et pour $N = 5$ (suspension CRONE)

$$I_5(s) = \frac{D_0}{s}\prod_{i=1}^{N=5}\left(\frac{1 + \dfrac{s}{\omega_{zi}}}{1 + \dfrac{s}{\omega_{pi}}}\right). \qquad (4.22)$$

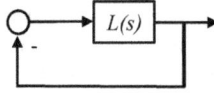

Figure 4.11 - *Schéma réduit pour la synthèse de l'ensemble masse-vérin-réseau hydropneumatique*

Ainsi, la fonction de transfert en boucle ouverte $L(s)$ est bien conforme à celle du SDNE de 1ère espèce présentée aux chapitres 2 et 3. Pour une valeur donnée de la masse suspendue M, toutes les méthodes de calcul des cellules à avance de phase peuvent être utilisées, notamment les méthodes de placement dans le domaine fréquentiel [Oustaloup, 1995].

Cependant, une problématique spécifique à cette application apparait. En effet, les variations de la masse M génèrent des incertitudes, non seulement au niveau de $G(s)$ (variation de gain, relation (4.20)), mais aussi au niveau de $I_N(s)$ (variations de gain et de phase) à travers les gains K et D_0, ainsi qu'à travers les fréquences transitionnelles ω_z, ω_p, ω_{zi} et ω_{pi} qui dépendent des capacités hydropneumatiques, elles mêmes fonction de la pression statique (point d'équilibre) et donc de la masse M. Une analyse des expressions analytiques des rapports ω_p/ω_z, (relation (4.17)) pour la suspension traditionnelle, et ω_{pi}/ω_{zi}, pour la suspension CRONE, permet de montrer que ces rapports ne sont pas fonction de M (la masse disparait après simplification). Ainsi, quand la masse M varie, les fréquences transitionnelles varient, mais les rapports entre les fréquences transitionnelles restent constants. C'est la raison pour laquelle le maximun d'avance de phase apporté par $I_N(s)$ reste constant. La différence fondamentale entre $I_1(s)$ et $I_N(s)$ est que dans le cas où N = 1, le maximum d'avance de phase est apportée à une fréquence médiane $\omega_m = \sqrt{\omega_z\,\omega_p}$ (qui varie quand la masse varie), alors qu'avec N = 5 il y a un blocage de phase qui assure un maximum d'avance de phase constant sur une plage fréquentielle.

De plus, en ce qui concerne les gains, une augmentation de la masse M entraine une diminution du gain de $G(s)$ et une augmentation du gain de $I_N(s)$. Dans [Serrier, 2008], il est montré qu'à la fréquence au gain unité en boucle ouverte, ω_u, les variations de gain de $G(s)$ et de $I_N(s)$ se compensent. Ainsi, quand la masse varie, la fréquence au gain unité ω_u reste constante, traduisant ainsi la robustesse de la rapidité vis-à-vis des variations de M, spécificité bien connue des spécialistes des suspensions hydropneumatiques.

Finalement, compte tenu de toutes ces précisions, la méthode de synthèse des cellules à avance de phase s'effectue avec une méthode de placement fréquentiel, pour une masse minimale, à partir des spécifications du cahier des charges en matière :
- de **degré de stabilité**, à travers la marge de phase M_Φ ;
- de **rapidité**, à travers la fréquence au gain unité en boucle ouverte, ω_u.

Pour cet état paramétrique de **masse minimale**, les deux suspensions traditionnelle et CRONE présentent le même degré de stabilité (même M_Φ) et la même rapidité (même ω_u).

Pour l'état paramétrique de **masse maximale**, les deux suspensions présentent toujours la même rapidité dans la mesure où ω_u ne varie pas, mais le degré de stabilité est différent. En effet, pour la suspension traditionnelle, le maximum d'avance de phase n'est plus apporté à ω_u, la marge de phase M_Φ a varié, le degré de stabilité a diminué avec l'augmentation de la masse M. Pour la suspension CRONE, le dimensionnement est fait pour que ω_u appartienne toujours à la plage fréquentielle où le blocage de phase est présent, maintenant ainsi une marge de phase M_Φ constante, et donc un degré de stabilité robuste vis-à-vis des variations de la masse M.

Le paragraphe suivant illustre cette méthode de synthèse.

4.4.2 Résultats

Les spécifications du cahier des charges utilisées pour la synthèse des suspensions traditionnelle et CRONE sont :
- pour le **degré de stabilité**, une marge de phase M_Φ de 45° pour la masse minimale M_{min} ;
- pour la **rapidité**, une fréquence au gain unité ω_u de 6 rad/s toujours pour M_{min}.

Tous les détails des calculs de la synthèse sont donnés dans [Serrier, 2008], notamment le calcul de la longueur du gabarit fréquentiel [Oustaloup, 1995] où le comportement non entier (en particulier le blocage de phase) est synthétisé. Ce gabarit fréquentiel est caractérisé par une fréquence basse ω_A et une fréquence haute ω_B. Il est calculé pour assurer une marge de phase constante lors des variations de la masse suspendue M entre ses deux valeurs M_{min} et M_{max}.

A l'issue de la synthèse, conformément à la démarche présentée aux chapitres 1 et 2, les valeurs paramétriques sont :

- pour la **suspension de référence**

$$\begin{cases} K = 1.134\,10^{10}\ N/m^5 \\ \omega_z = 2.48\ rad/s \\ \omega_p = 14.5\ rad/s \end{cases} \Rightarrow \begin{cases} C_0 = 1.5083\ 10^{-11} m^5\,/\,N \\ C_1 = 7.3106\ 10^{-11} m^5\,/\,N \\ R_1 = 5.5156\ 10^9\,Ns\,/\ m^5 \end{cases}, \qquad (4.23)$$

- pour la **suspension CRONE** réalisée à l'aide d'un arrangement parallèle de cellules RC en série

$$\begin{cases} m = 0.5 \\ \omega_A = 1.5\ rad\,/\,s \Rightarrow \omega_b = 0.1\ rad\,/\,s \\ \omega_B = 6\ rad\,/\,s \Rightarrow \omega_h = 90\ rad\,/\,s \\ D_0 = 349\ Ns\,/\,m^5 \end{cases} \Rightarrow \begin{cases} C_0 = 9.419\ 10^{-12}\ m^5\,/\,N \\ C_1 = 1.706\ 10^{-10}\ m^5\,/\,N, \quad R_1 = 4.170\ 10^{10} Ns\,/\,m^5 \\ C_2 = 5.726\ 10^{-11} m^5\,/\,N, \quad R_2 = 3.189\ 10^{10}\ Ns\,/\,m^5 \\ C_3 = 2.678\ 10^{-11} m^5\,/\,N, \quad R_3 = 1.749\ 10^{10}\ Ns\,/\,m^5 \\ C_4 = 1.289\ 10^{-11} m^5\,/\,N, \quad R_4 = 9.322\ 10^9 Ns\,/\,m^5 \\ C_5 = 5.555\ 10^{-12}\ m^5\,/\,N, \quad R_5 = 5.549\ 10^9 Ns\,/\,m^5 \end{cases} \quad (4.24)$$

Les figures 4.12 et 4.13 présentent les réponses fréquentielles et indicielles obtenues avec les **modèles linéaires** des suspensions traditionnelle (figure 4.12) et CRONE (figure 4.13), et ce pour les valeurs extrémales de la masse suspendue (en bleu $M = 75$ kg et en vert $M = 150$ kg).

Plus précisément, les figures 4.12.a et 4.13.a présentent les diagrammes de Bode des impédances hydropneumatiques d'entrée $Z_{HeN}(s)$ de chacune des suspensions. Dans les deux cas, lorsque la masse augmente, le gain des impédances augmente, ainsi que les fréquences transitionnelles. Les courbes de phase, quant à elles, sont alors translatées vers les hautes fréquences sans être déformées.

Les figures 4.12.b et 4.13.b représentent les diagrammes de Bode des fonctions de transfert en boucle ouverte $L(s)$. Dans les deux cas, l'augmentation de la masse se traduit bien par une translation horizontale des courbes de phase vers les hautes fréquences. Par contre, la fréquence au gain unité ω_u est insensible à ces variations (iso-rapidité pour les deux suspensions).

Les figures 4.12.c et 4.13.c présentent les lieux de Black-Nichols de ces mêmes fonctions de transfert en boucle ouverte. Lorsque la masse augmente, la marge de phase M_Φ de la suspension traditionnelle diminue (figure 4.12.c), alors que celle de la suspension CRONE reste constante (figure 4.13.c).

Enfin, les figures 4.12.d et 4.13.d représentent les réponses indicielles pour une amplitude de 10 cm. Quand la masse augmente, la rapidité reste constante (même temps de raideur) pour les deux suspensions, par contre l'amortissement diminue pour la suspension traditionnelle (interdépendance masse-amortissement, figure 4.12.d), alors qu'il reste constant pour la suspension CRONE (indépendance masse-amortissement, figure 4.13.d).

En résumé, toutes ces figures illustrent bien :

- pour les **deux suspensions**, la robustesse de la rapidité vis-à-vis des variations de la masse suspendue, propriété due à la technologie hydropneumatique ;

- pour la **suspension traditionnelle**, la sensibilité du degré de stabilité aux variations de la masse suspendue, illustrant ainsi l'interdépendance masse-amortissement (figure 4.12.d) ;

- pour la **suspension CRONE**, la robustesse du degré de stabilité vis-à-vis des variations de la masse suspendue, illustrant au contraire la mise en défaut de l'interdépendance masse-amortissement (figure 4.13.d).

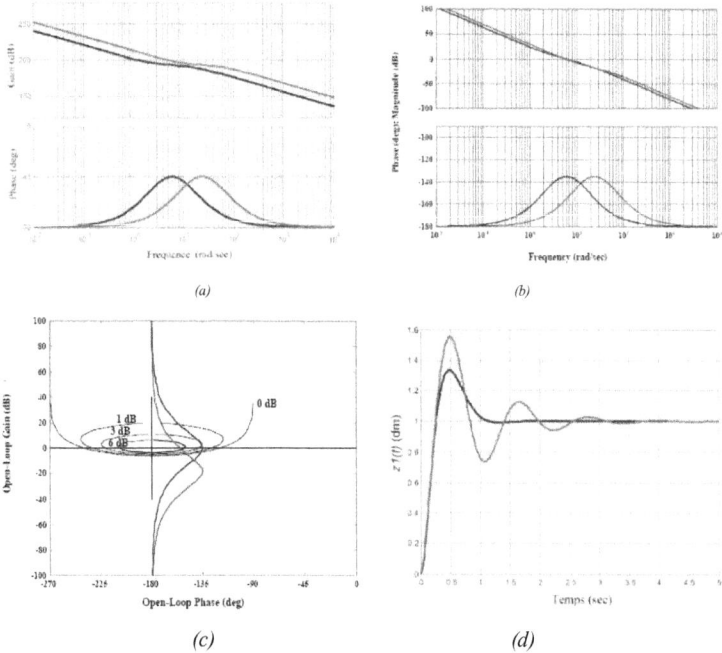

(a)

(b)

(c)

(d)

Figure 4.12 - *Réponses fréquentielles et indicielles obtenues avec la suspension traditionnelle pour les valeurs extrémales de la masse suspendue (en bleu M = 75 kg et en vert M = 150 kg)*

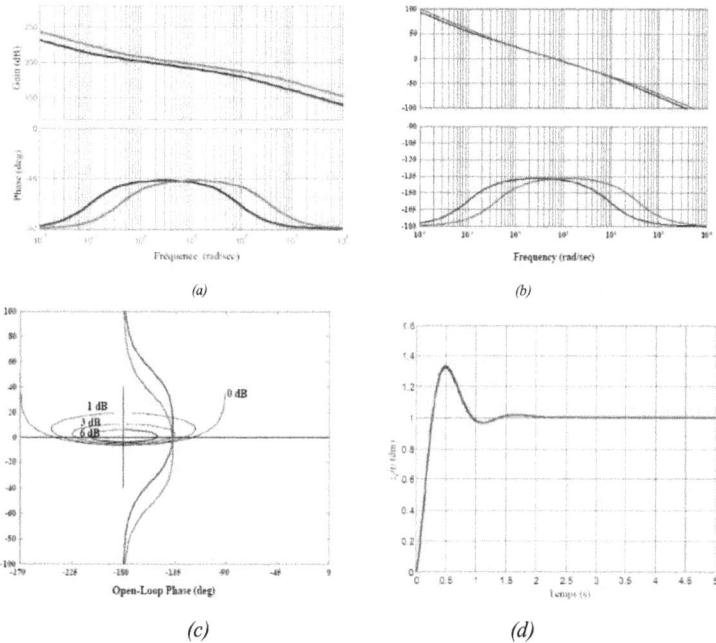

(a)   (b)

(c)   (d)

Figure 4.13 - *Réponses fréquentielles et indicielles obtenues avec la suspension CRONE pour les valeurs extrémales de la masse suspendue (en bleu M = 75 kg et en vert M = 150 kg)*

4.5   Analyse de l'influence des non-linéarités

4.5.1   Analyse à l'aide des domaines de fonctionnement

Dans l'étude de la dynamique des systèmes linéaires, le saut échelon est souvent utilisé comme *signal d'analyse*. En effet, compte tenu de la dualité temps-fréquence dans le cas des systèmes linéaires, l'analyse de la réponse indicielle permet d'extraire facilement des caractéristiques intrinsèques au système (rapidité, degré de stabilité, précision) et d'utiliser simplement les théorèmes des valeurs initiale et finale, par exemple.

Dans le cas des systèmes non linéaires, et compte tenu de la dépendance des réponses à la forme des signaux d'entrée, le choix du saut échelon est discutable.

Toutefois, afin de prolonger l'analyse du cas linéaire à celui du non linéaire, nous avons conservé ce signal d'analyse dans la comparaison des réponses des modèles de synthèse linéaire et de validation non linéaire. Le lecteur intéressé trouvera dans [Serrier, 2008] des réponses à d'autres signaux d'entrée.

Les figures 4.14 et 4.15 présentent les réponses indicielles linéaires et non linéaires des suspensions traditionnelle (figure 14) et CRONE (figure 15) à une amplitude de 10 cm pour 75 kg et 150 kg.

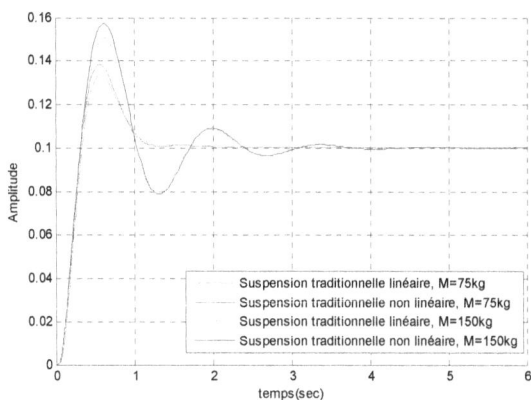

Figure 4.14 - *Réponses indicielles linéaires et non linéaires de la suspension traditionnelle à une amplitude de 10 cm pour 75 kg et 150 kg*

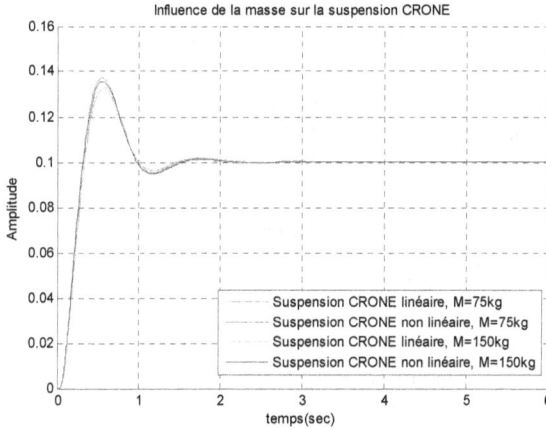

Figure 4.15 - *Réponses indicielles linéaires et non linéaires de la suspension CRONE à une amplitude de 10 cm pour 75 kg et 150 kg*

L'observation de ces deux figures permet d'affirmer de manière qualitative (les séries de Volterra utilisées dans la suite permettant de quantifier précisément ces observations) [A.Z.Daou *et al.*, 2010.d] :

- pour la *suspension traditionnelle* (figure 4.14) :

    - que les non-linéarités diminuent le degré de stabilité (augmentation du premier dépassement réduit), et ce pour les deux valeurs extrêmes de la masse suspendue ;

    - que les non-linéarités n'affectent pas la robustesse de la rapidité vis-à-vis des variations de la masse, propriété liée à la technologie hydropneumatique ;

- pour la *suspension CRONE* (Figure 4.15) :

    - que pour une masse donnée, les non-linéarités ne diminuent que très faiblement le degré de stabilité par rapport au cas linéaire ;

    - que dans le cas non linéaire, la robustesse du degré de stabilité vis-à-vis des variations de la masse est quasiment maintenue ;

- que là encore, comme pour la suspension traditionnelle, les non-linéarités n'affectent pas la robustesse de la rapidité vis-à-vis des variations de la masse.

Afin d'illustrer le bien fondé de l'utilisation des séries de Volterra présentées dans la suite de ce chapitre, les figures 4.16 et 4.17 présentent les caractéristiques non linéaires (en bleu) des 6 éléments capacitifs (figure 4.16) et des 5 éléments résistifs (figure 4.17) qui composent le réseau hydropneumatique étudié. Sur ces caractéristiques, les domaines de variation (en rouge) autour des points de fonctionnement (•) sont superposés, et ce pour un saut échelon d'amplitude 20 cm (débattement maximal de la suspension) et pour une masse maximale de 150 kg (cas le plus défavorable).

Ainsi, d'un point de vue qualitatif, le débit généré par le mouvement de la tige du vérin de suspension se répartit dans le réseau hydropneumatique en fonction des impédances d'entrée de chacune des cellules RC. L'expérience montre que, même pour de grandes variations correspondant aux limites de fonctionnement de la suspension, la répartition du débit généré dans chaque cellule RC conduit seulement à de petites variations autour de leurs points d'équilibre. Ce résultat est d'autant plus prononcé que le nombre N de cellules utilisés pour synthétiser l'intégrateur d'ordre non entier borné en fréquence est important.

C'est la raison pour laquelle les séries de Volterra *classique*s sont particulièrement bien adaptées à une analyse quantitative de l'influence des non-linéarités sur le comportement dynamique de la suspension CRONE.

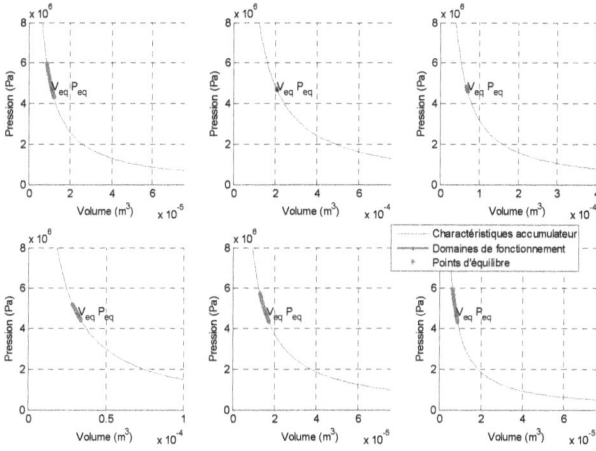

Figure 4.16 - *Caractéristiques non linéaires (en bleu) des 6 éléments capacitifs,*
superposition (en rouge) des domaines de fonctionnement et points d'équilibre (*)
pour un saut échelon d'amplitude 20 cm et pour une masse de 150 kg

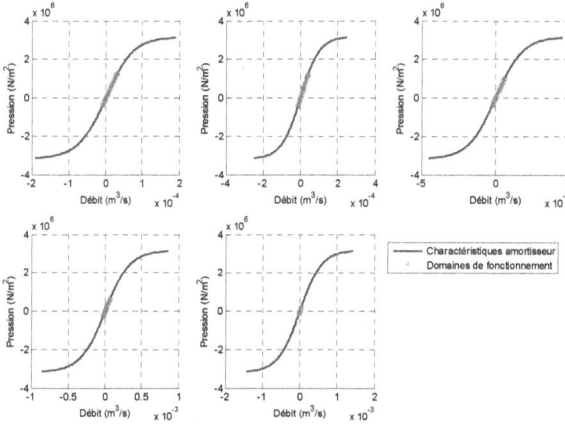

Figure 4.17 - *Caractéristiques non linéaires (en bleu) des 5 éléments dissipatifs et*
superposition (en rouge) des domaines de fonctionnement pour un saut échelon
d'amplitude 20 cm et pour une masse de 150 kg

4.5.2   Analyse à l'aide des séries de Volterra

4.5.2.1   Calcul des noyaux de Volterra

Dans le domaine opérationnel, les expressions des noyaux d'ordre $j = 1$ à 3 pour les éléments de rang i résistifs $H_j^{R_i}(.)$ et capacitifs $H_j^{C_i}(.)$ sont de la forme (voir Annexe 1) :

$$\begin{cases} H_1^{R_i}(s_1) = \dfrac{1}{R_i} \\[2mm] H_2^{R_i}(s_1, s_2) = 0 \\[2mm] H_3^{R_i}(s_1, s_2, s_3) = \dfrac{1}{3\,R_i\,P_{R_i}^2} \end{cases} \tag{4.25}$$

et

$$\begin{cases} H_1^{C_i}(s_1) = \dfrac{\gamma\,P_s^2}{P_{0i}\,V_{0i}\,s_1} \\[2mm] H_2^{C_i}(s_1, s_2) = \dfrac{\gamma^2\,P_s^3}{P_{0i}^2\,V_{0i}^2\,s_1\,s_2} \\[2mm] H_3^{C_i}(s_1, s_2, s_3) = \dfrac{\gamma^3\,P_s^4}{P_{0i}^3\,V_{0i}^3\,s_1\,s_2\,s_3} \end{cases} . \tag{4.26}$$

Par ailleurs, pour faciliter l'analyse de l'influence des non-linéarités, trois cas sont étudiés conformément à la progression suivante :
- cas 1 : résistances linéarisées et accumulateurs non linéaires [Serrier, 2008] ;
- cas 2 : résistances non linéaires et accumulateurs linéarisés ;
- cas 3 : résistances et accumulateurs non linéaires.

Le calcul des noyaux de Volterra du réseau hydropneumatique étudié peut être astucieusement développé uniquement pour le troisième cas (résistances et accumulateurs non linéaires). En effet, les deux premiers cas sont des cas particuliers dans la mesure où il suffit seulement d'utiliser le noyau d'ordre 1 de l'élément linéarisé considéré, les autres étant nuls.

4.5.2.2   Cas 1 : résistances linéarisées et accumulateurs non linéaires

Les figures 4.18, 4.19 et 4.20 présentent les réponses indicielles de la suspension CRONE lors de l'utilisation des accumulateurs non linéaires et des amortisseurs linéaires. Plus précisément, la figure 4.18 représente les réponses à une amplitude de 10 cm pour une masse de 75 kg et de 150 kg, la figure 4.19 illustre la contribution des noyaux d'ordre 1 à 3 pour une amplitude de 10 cm et pour une masse de 150 kg, tandis que la figure 4.20 présente l'influence de l'amplitude du signal d'entrée sur la réponse indicielle réduite de la suspension CRONE pour une masse de 150 kg (chaque réponse est normalisée par rapport à sa valeur en régime permanent).

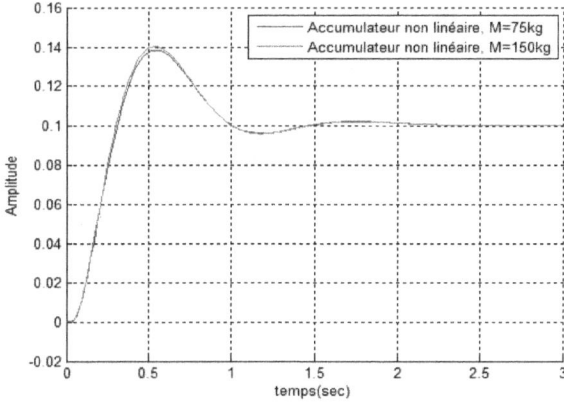

Figure 4.18 - *Réponses indicielles de la suspension CRONE à une amplitude de 10 cm pour une masse de 75 kg et de 150 kg dans le cas de résistances linéarisées et d'accumulateurs non linéaires*

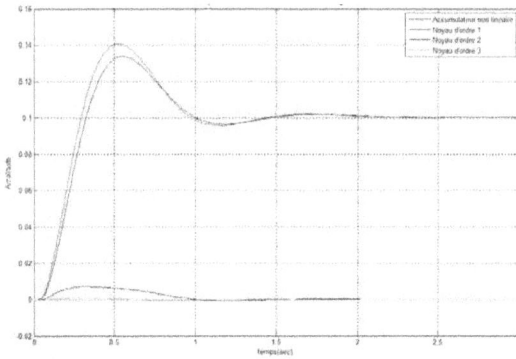

Figure 4.19 - *Contribution des noyaux d'ordre 1 à 3 à la réponse indicielle de la suspension CRONE à une amplitude de 10 cm pour une masse de 150 kg dans le cas de résistances linéarisées et d'accumulateurs non linéaires*

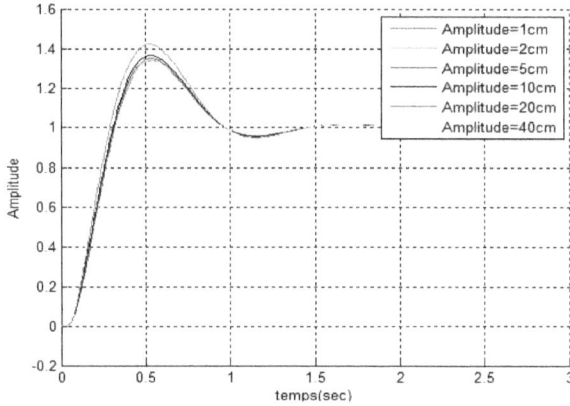

Figure 4.20 - *Influence de l'amplitude du signal d'entrée sur la réponse indicielle réduite de la suspension CRONE pour une masse de 150 kg dans le cas de résistances linéarisées et d'accumulateurs non linéaires*

L'observation de ces figures permet d'affirmer :

- que les non-linéarités des accumulateurs n'affectent pas la robustesse du degré de stabilité vis-à-vis des variations de la masse (figure 4.18) ;

- que la contribution des noyaux d'ordre supérieur à 1 est d'autant plus faible que l'ordre est élevé (figure 4.19);

- que la sensibilité du degré de stabilité à l'amplitude du saut échelon n'est pas très importante (figure 4.20), sachant que le cas d'une amplitude de 40 cm est purement théorique puisque la course totale du vérin est limitée à 20 cm (soit +/- 10 cm par rapport à la position de référence).

4.5.2.3   Cas 2 : résistances non linéaires et accumulateurs linéarisés

Les figures 4.21, 4.22 et 4.23 présentent les réponses indicielles de la suspension CRONE lors de l'utilisation des accumulateurs linéaires et des amortisseurs non linéaires. Plus précisément, la figure 4.21 représente les réponses à une amplitude de 10 cm pour une masse de 75 kg et de 150 kg, la figure 4.22 illustre la contribution des noyaux d'ordre 1, 3 et 5 (les noyaux d'ordre 2 et 4 étant nuls) toujours pour une amplitude de 10 cm et pour une masse de 150 kg, tandis que la figure 4.23 présente l'influence de l'amplitude du signal d'entrée pour une masse de 150 kg (là aussi, chaque réponse est normalisée par rapport à sa valeur en régime permanent).

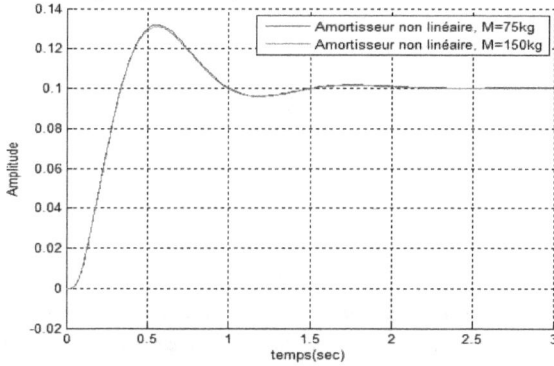

Figure 4.21 - *Réponses indicielles de la suspension CRONE à une amplitude de 10 cm pour une masse de 75kg et de 150 kg dans le cas de résistances non linéaires et d'accumulateurs linéarisées*

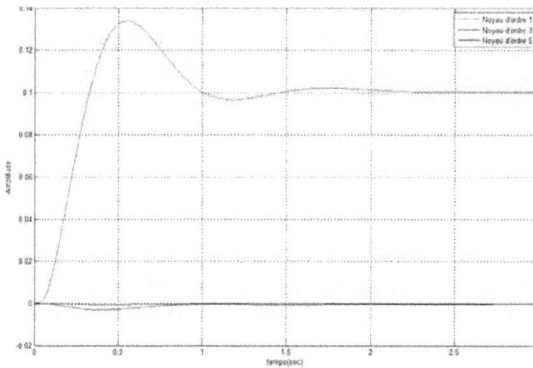

Figure 4.22 - *Contribution des noyaux d'ordre 1 à 3 à la réponse indicielle de la suspension CRONE à une amplitude de 10 cm pour une masse de 150 kg dans le cas de résistances non linéaires et d'accumulateurs linéarisées*

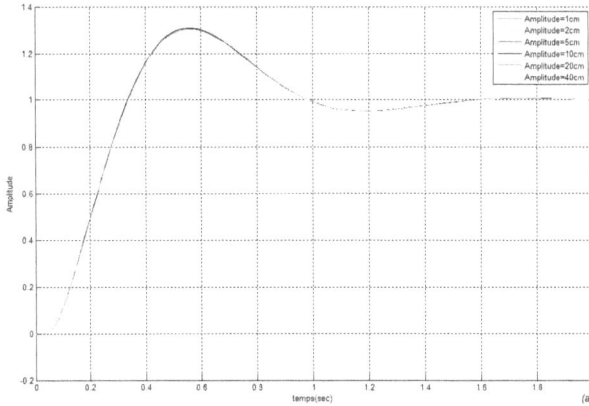

Figure 4.23 - *Influence de l'amplitude du signal d'entrée sur la réponse indicielle réduite de la suspension CRONE pour une masse de 150 kg dans le cas de résistances non linéaires et d'accumulateurs linéarisées*

L'observation de ces trois figures permet d'affirmer :

- que les non-linéarités des résistances n'affectent pas la robustesse du degré de stabilité vis-à-vis des variations de la masse (figure 4.21) ;

- que la contribution des noyaux d'ordre supérieur à 1 est négligeable (figure 4.22) ;

- que la sensibilité du degré de stabilité à l'amplitude du saut échelon est quasiment nulle (figure 4.23).

4.5.2.4   Cas 3 : résistances et accumulateurs non linéaires

Comme pour les deux cas précédents, les figures 4.24, 4.25 et 4.26 présentent les réponses indicielles de la suspension CRONE lors de l'utilisation des accumulateurs et des amortisseurs non linéaires. Ainsi, la figure 4.24 représente les réponses à une amplitude de 10 cm pour une masse de 75 kg et de 150 kg, la figure 4.25 illustre la contribution des quatre premiers noyaux pour une amplitude de 10 cm et pour une masse de 150 kg, tandis que la figure 4.26 présente l'influence de l'amplitude du signal d'entrée sur la réponse indicielle réduite pour une masse de 150 kg (là aussi chaque réponse est normalisée par rapport à sa valeur en régime permanent).

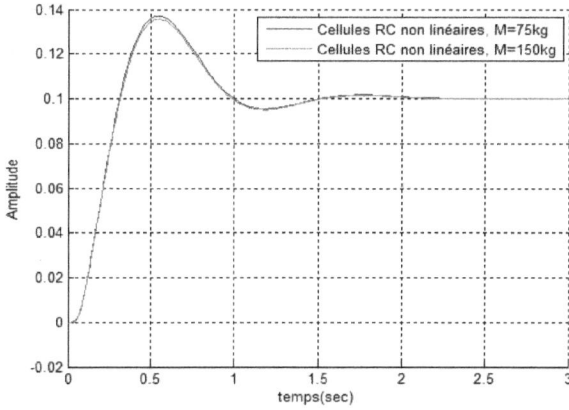

Figure 4.24 - *Réponses indicielles de la suspension CRONE à une amplitude de 10 cm pour une masse de 75 kg et de 150 kg dans le cas de résistances et d'accumulateurs non linéaires*

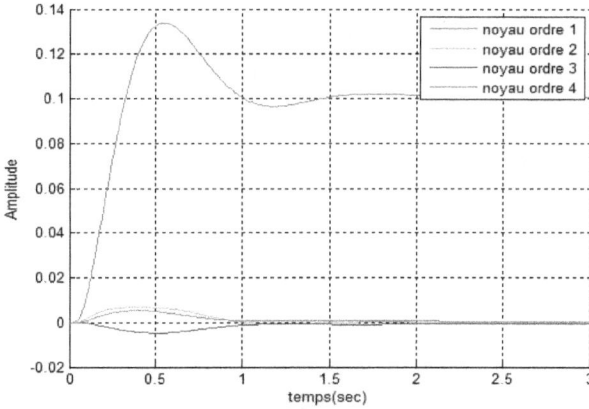

Figure 4.25 - *Contribution des noyaux d'ordre 1 à 4 à la réponse indicielle de la suspension CRONE à une amplitude de 10 cm pour une masse de 150 kg dans le cas de résistances et d'accumulateurs non linéaires*

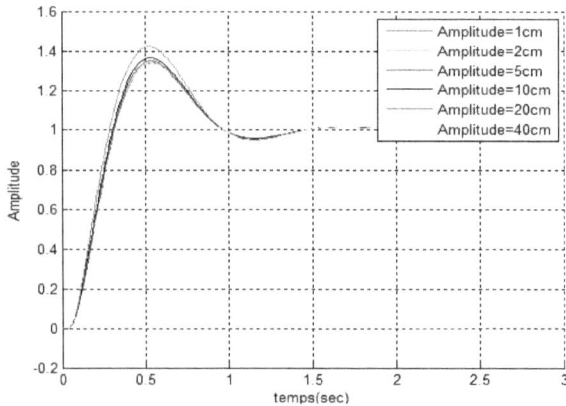

Figure 4.26 - *Influence de l'amplitude du signal d'entrée sur la réponse indicielle réduite de la suspension CRONE pour une masse de 150 kg dans le cas de résistances et d'accumulateurs non linéaires*

L'observation de ces trois figures permet d'affirmer :

- que les non-linéarités n'affectent quasiment pas la robustesse du degré de stabilité vis-à-vis des variations de la masse (figure 4.24) ;

- que la contribution des noyaux d'ordre supérieur à 1 est faible (figure 4.25) ;

- que la sensibilité du degré de stabilité à l'amplitude du saut échelon est la même que celle déjà observée dans le cas 1 (figure 4.26).

4.6   Analyse de l'influence des effets parasites

L'objectif de ce paragraphe est d'illustrer par un exemple numérique les développements analytiques présentés au chapitre 3 concernant les effets parasites liés aux canalisations hydrauliques. La proximité des éléments fonctionnels R et C d'une même cellule permet d'affirmer que seuls les effets parasites des canalisations entre cellules, ainsi que ceux de la canalisation qui relie le vérin à la cellule de rang 0 sont les plus significatifs. L'architecture IRC retenue pour la prise en compte de ces effets parasites pour chaque tronçon de canalisation est conforme au schéma de la figure 3.12 du chapitre 3.

D'autres architectures ont été étudiées dans [A.Z.Daou *et al*, 2009.a] [A.Z.Daou *et al*, 2010.a] [A.Z.Daou *et al*, 2010.b], mais ne sont volontairement pas présentées ici pour des raisons de place.

4.6.1   Calcul des paramètres caractéristiques

Les notations utilisées sont conformes à celles définies au chapitre 3. Le fluide hydraulique présente, pour une température de fonctionnement de 40°C, les caractéristiques suivantes :
- une masse volumique ρ = 850 kg/m^3 ;
- une viscosité dynamique ν = 153 10^{-3} kg/s m ;
- un module de compressibilité B = 15 10^8 N/m^2.

Les caractéristiques géométriques des canalisations sont :
- un diamètre de 10 mm, d'où une section S_i = 78.54 10^{-6} m^2 ;
- une longueur entre le vérin et la cellule de rang 0, L_0 = 1 m ;
- une longueur entre chaque cellule L_i = 0.5 m.

Compte tenu des ces valeurs numériques et des relations présentées au chapitre 3, les valeurs des paramètres qui caractérisent les effets parasites sont :
- pour la cellule de rang 0

$$\begin{cases} l_0^* = 10.82 \ 10^6 \ kg/m^4 \\ r_0^* = 62.34 \ 10^6 \ Ns/m^5 \\ c_0^* = 52.36 \ 10^{-15} \ m^5/N \end{cases} , \qquad (4.27)$$

- pour les cellules de rang i

$$\begin{cases} l_i^* = 5.41 \ 10^6 \ kg/m^4 \\ r_i^* = 31.17 \ 10^6 \ Ns/m^5 \\ c_i^* = 26.18 \ 10^{-15} \ m^5/N \end{cases} . \qquad (4.28)$$

De plus, sachant que $l = M / S_v^2$ (relation (3.20)), que $M \in [75\,kg\,; 150\,kg]$ et que $S_v = 3.14 \ 10^{-4} m^2$, on en déduit que $l \in [760.7 \ 10^6 \ kg/m^4\,; 1521 \ 10^6 \ kg/m^4]$. Compte tenu des valeurs de l et l_0^*, on constate que la valeur incertaine $\tilde{l} = l + l_0^*/2$ est très peu différente de l.

Enfin, les fréquences de coupure $\Omega_0 = r_0^* / 2\tilde{l}$ et $\Omega_i^* = r_i^* / l_i^*$ définies au chapitre 3 ont pour valeurs :

$$\begin{cases} \Omega_0 \in \left[2.04 \ 10^{-2} \ rad/s \ ; \ 4.07 \ 10^{-2} \ rad/s \right] \\ \Omega_i^* = 5.76 \ rad/s \end{cases} . \tag{4.29}$$

4.6.2 Vérification des préconisations

Toutes les préconisations (établies au chapitre 3) à prendre en compte pour minimiser les effets parasites dans la plage fréquentielle où l'intégrateur d'ordre non entier est synthétisé sont rappelées, à savoir :

$$\begin{cases} \Omega_0 \ll \omega_A \quad \Leftrightarrow \quad \dfrac{r_0^*}{2\tilde{l}} \ll \omega_A \\ \\ \forall \ i \in [0\,;N], \quad \begin{cases} \max\left[r_i^* \right] \ll \min\left[R_i \right] \\ \max\left[c_i^* \right] \ll \min\left[C_i \right] \\ \omega_B \ll \min\left[\Omega_i^* \right] \quad \Leftrightarrow \quad \omega_B \ll \min\left[\dfrac{r_i^*}{l_i^*} \right] \end{cases} \end{cases} . \tag{4.30}$$

Compte tenu des valeurs numériques, à savoir :

$$\begin{cases} 36.86 \le \omega_A / \Omega_0 \le 73.53 \quad \Leftrightarrow \quad \Omega_0 \ll \omega_A \\ \forall \ i \in [0\,;N], \quad \begin{cases} \min\left[R_i \right] / \max\left[r_i^* \right] \approx 89 \quad \Leftrightarrow \quad \max\left[r_i^* \right] \ll \min\left[R_i \right] \\ \min\left[C_i \right] / \max\left[c_i^* \right] \approx 106 \quad \Leftrightarrow \quad \max\left[c_i^* \right] \ll \min\left[C_i \right] \\ \min\left[\Omega_i^* \right] / \omega_B = 0.96 \quad \Leftrightarrow \quad \omega_B \approx \min\left[\Omega_i^* \right] \end{cases} \end{cases} , \tag{4.31}$$

on constate que toutes les préconisations sont largement respectées, sauf la dernière $\left(\omega_B \approx \min\left[\Omega_i^* \right] \right)$. C'est la raison pour laquelle le modèle linéaire de synthèse et le modèle non linéaire de validation sont complétés avec les phénomènes parasites afin de vérifier en simulation l'influence de ces incertitudes structurelles.

La figure 4.27 présente les réponses fréquentielles et temporelles obtenues avec la prise en compte des effets parasites, et ce avec la suspension traditionnelle (figure 4.27.a-c-e) et la suspension CRONE (figure 4.27.b-d-f). Les réponses obtenues illustrent bien la validité des hypothèses faites lors de la synthèse, à savoir que les canalisations sont supposées parfaites.

4.7 Conclusion

En isolation vibratoire, parmi les solutions envisageables pour la mise en œuvre d'un intégrateur d'ordre non entier, celle retenue est réalisée à partir de réseaux de cellules RC hydropneumatiques. Ces réseaux hydropneumatiques présentent des incertitudes, à la fois paramétriques (les capacités hydropneumatiques C dépendent, notamment, de la valeur de la masse suspendue à travers la pression statique) et structurelles (les éléments R et C sont non linéaires, et les canalisations hydrauliques présentent des effets parasites de types inertiel, capacitif et résistif, introduisant ainsi dans la modélisation des cellules IRC). Les résultats obtenus montrent que les incertitudes des réseaux hydropneumatiques de la suspension CRONE n'affectent pas la robustesse du degré de stabilité vis-à-vis des variations de la masse suspendue, prolongeant ainsi dans un contexte incertain, en particulier non linéaire, la mise en défaut de l'interdépendance masse-amortissement obtenue dans un contexte linéaire.

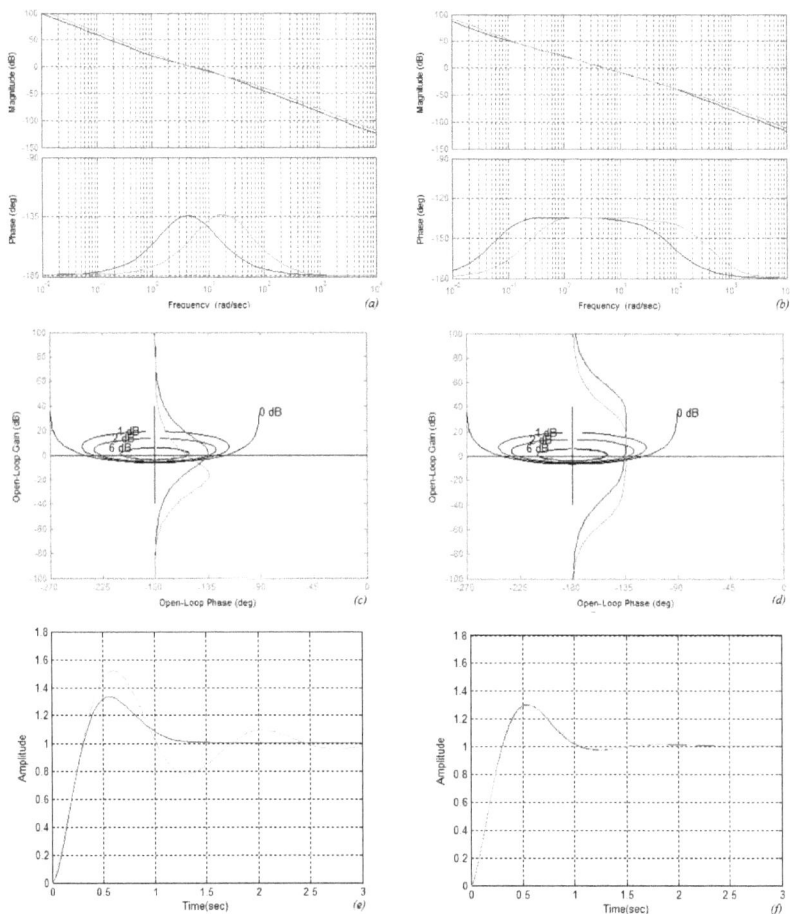

Figure 4.27 - *Réponses fréquentielles et temporelles obtenues avec la suspension traditionnelle (a), (c), (e) et la suspension CRONE (b), (d), (f) lors de l'introduction des effets parasites pour les deux masses extrêmes (en bleu la masse de 75 kg et en vert la masse de 150 kg)*

Chapitre 5 – SDNE dans le domaine de l'électronique

5.1 Introduction

L'objectif de ce dernier chapitre est d'illustrer dans le domaine de l'électronique les développements des trois premiers chapitres présentés dans un cadre général de la Physique et en référence aux trois phases d'un cycle en V : Conception, Fabrication et Intégration.

Pour atteindre cet objectif, ce chapitre commence par développer la démarche de *conception* du support d'étude résultant de l'association de trois montages élémentaires à base d'amplificateurs. Ce support d'étude est conçu pour présenter un comportement identique à celui d'un SDNE de 1ère espèce. Dans un premier temps, des hypothèses simplificatrices concernant, notamment, les amplificateurs opérationnels sont posées afin d'établir un modèle linéaire pour la synthèse. Il est à noter la présence d'une résistance variable à l'entrée du deuxième montage permettant de faire varier le gain de boucle pour l'étude de la robustesse du degré de stabilité. A partir de ce modèle linéaire et des spécifications du cahier des charges, un intégrateur d'ordre non entier borné en fréquence est synthétisé à l'aide d'un réseau parallèle de cellules RC série.

Ensuite, dans le cadre de la phase de *fabrication*, les composants électriques du commerce, notamment ceux de l'arrangement parallèle de cellules RC en série, ont été choisis avec une attention toute particulière afin de respecter le domaine de validité de l'analyse présentée au chapitre 3 en ce qui concerne les incertitudes paramétriques.

Enfin, dans le cadre de la validation de la phase d'*intégration*, l'analyse de l'influence des incertitudes sur les performances dynamiques (en particulier la robustesse du degré de stabilité) est présentée, d'abord à partir des réponses obtenues à l'aide d'un simulateur (modèle non linéaire de validation), puis à partir de celles obtenues expérimentalement. Le protocole d'essai utilisé comporte deux phases. La première concerne la validation du comportement nominal du SDNE défini par une température ambiante de 20°C et une résistance variable de 50 kΩ. La seconde concerne la validation de la propriété de robustesse vis-à-vis des variations du gain de boucle et de la température ambiante.

Finalement, les résultats obtenus montrent que les incertitudes des composants du réseau parallèle de cellules RC en série n'affectent pas la robustesse du degré de stabilité du SDNE, non seulement vis-à-vis des variations d'un facteur 8 du gain de boucle, mais aussi vis-à-vis des variations de la température dans une plage comprise entre 0°C et 40°C, confirmant ainsi dans un contexte expérimental incertain les résultats de l'étude analytique présentés au chapitre 3.

5.2 Première phase du cycle en V : la conception

Le support d'étude est un dispositif électronique (figure 5.1) résultant de l'association de trois montages élémentaires à base d'amplificateurs opérationnels :

- un montage amplificateur différentiel,

- un montage intégrateur d'ordre non entier réalisé à l'aide d'un arrangement parallèle de cellules RC en série

- et un montage intégrateur d'ordre un.

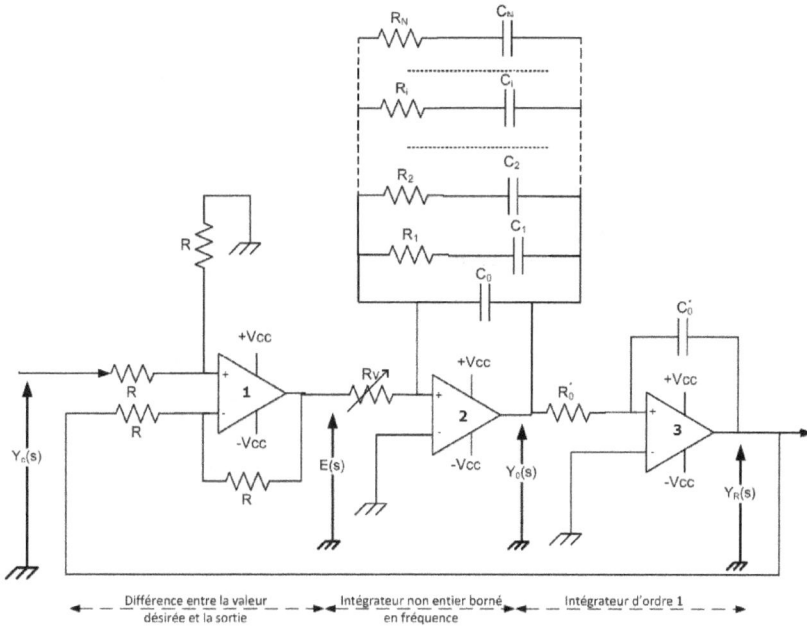

Figure 5.1 – *Montage du support d'étude*

Ce dispositif est dimensionné conformément à la démarche présentée aux chapitres 1 et 2 afin qu'il présente un comportement identique à celui d'un SDNE de 1ère espèce. La première étape de la démarche est l'établissement d'un ***modèle de synthèse***.

5.2.1   Modèle linéaire pour la synthèse du réseau RC

L'objectif étant d'établir un modèle linéaire pour la synthèse, les amplificateurs opérationnels sont dans un premier temps supposés parfaits. Les hypothèses associées sont :

- gain différentiel en tension infini ;
- gain de mode commun nul ;
- impédance d'entrée infinie
- impédance de sortie nulle ;
- bande passante infinie.

De plus, ils sont tous supposés fonctionner dans leur domaine linéaire, ce qui revient à dire que les signaux d'entrée sont calibrés pour que les sorties de chaque amplificateur ne saturent pas.

Ainsi, en ce qui concerne le **montage n°1** (amplificateur différentiel), les deux résistances d'entrée R étant identiques, la transformée de Laplace $E(s)$ de sa sortie (sous l'hypothèse de conditions initiales nulles) est égale à la différence entre l'entrée $Y_c(s)$ et la sortie $Y_R(s)$ du SDNE, soit :

$$E(s) = Y_c(s) - Y_R(s) \quad . \tag{5.1}$$

Pour le **montage n°2** (intégrateur non entier borné en fréquence), la relation entre sa sortie $Y_0(s)$ et son entrée $E(s)$ (toujours sous l'hypothèse de conditions initiales nulles) est donnée par :

$$Y_0(s) = -\frac{Z_{ne}(s)}{R_v} \times E(s), \tag{5.2}$$

où $Z_{ne}(s)$ représente l'impédance d'entrée du réseau parallèle de cellules RC série dont l'expression est

$$Z_{ne}(s) = \frac{1}{C_0 s + \sum\limits_{i=1}^{N} \dfrac{C_i s}{1 + R_i C_i s}} \quad . \tag{5.3}$$

Dimensionnée conformément à la démarche descendante présentée au chapitre 2, cette impédance est une approximation d'un intégrateur d'ordre non entier borné en fréquence, noté $I_{NE}(s)$, de la forme :

$$I_{NE}(s) = \frac{D_0}{s} \left(\frac{1 + \dfrac{s}{\omega_b}}{1 + \dfrac{s}{\omega_h}} \right)^m , \qquad (5.4)$$

où m, D_0, ω_b et ω_h sont les quatre paramètres de synthèse de haut niveau définis au chapitre 1.

Enfin, pour le **montage n°3** (intégrateur d'ordre 1), la relation entre $Y_R(s)$ et $Y_0(s)$ (sous l'hypothèse de conditions initiales nulles) est de la forme :

$$Y_R(s) = -\frac{1}{R_0^* C_0^* s} Y_0(s). \qquad (5.5)$$

Finalement, la fonction de transfert en boucle ouverte $L(s)$ est bien de la forme :

$$L(s) = \frac{B_0}{s^2} \left(\frac{1 + \dfrac{s}{\omega_b}}{1 + \dfrac{s}{\omega_h}} \right)^m , \qquad (5.6)$$

où B_0 est une constante définie par :

$$B_0 = \frac{D_0}{R_v R_0^* C_0^*} . \qquad (5.7)$$

Remarques

- *La résistance variable R_v est utilisée pour l'analyse de la robustesse du degré de stabilité vis-à-vis des variations du gain de boucle.*

- *La valeur de R_v doit être choisie avec une attention toute particulière. En effet, il faut que la fréquence au gain unité en boucle ouverte, ω_u, fonction de B_0 et donc notamment de la valeur de R_v, appartienne à la zone du blocage de phase de l'intégrateur non entier borné en fréquence pour les valeurs nominales des composants, et ce conformément aux spécifications du cahier de charges.*

- *La résistance R_0^* et la capacité C_0^* doivent être choisies pour que l'inverse de la constante de temps d'intégration $\tau_i = R_0^* C_0^*$ soit égal à la fréquence au gain unité en boucle ouverte, $\omega_{u_{nom}}$, pour l'état paramétrique nominal du SDNE, soit :*

$$\omega_{u_{nom}} = 1/\left(R_0^* C_0^* \right). \qquad (5.8)$$

5.2.2 Synthèse du réseau RC

La démarche de synthèse descendante présentée aux chapitres 1 et 2 est appliquée pour obtenir un comportement dynamique conforme à celui d'un SDNE de 1ère espèce spécifié par le cahier des charges.

Le cahier de charges proposé est le suivant :

- Pour le **degré de stabilité**, une marge de phase M_Φ égale à 45° quelle que soit la valeur de la résistance R_V comprise entre 18 kΩ et 142 kΩ, soit pratiquement une variation d'un facteur 8 ;

- Pour la **rapidité**, une fréquence nominale au gain unité en boucle ouverte, $\omega_{u_{nom}}$, égale à 600 rad/sec.

A partir de ces spécifications, trois des quatre paramètres de synthèse de haut niveau, à savoir m, ω_b et ω_h, ainsi que la constante B_0 du transfert de boucle sont déterminés dans une première étape conformément aux relations suivantes :

$$
\begin{cases}
m = M_\Phi / 90° & \Rightarrow \quad m = 0.5 \\
\omega_b = \omega_{u_{nom}} / 20 & \Rightarrow \quad \omega_b = 30 \; rad/s \\
\omega_h = 20\, \omega_{u_{nom}} & \Rightarrow \quad \omega_h = 12000 \; rad/s \\
\left| L\left(j\omega_{u_{nom}}\right) \right| = 1 & \Rightarrow \quad B_0 = \omega_{u_{nom}}^2 \left(\dfrac{1 + \left(\dfrac{\omega_{u_{nom}}}{\omega_h}\right)^2}{1 + \left(\dfrac{\omega_{u_{nom}}}{\omega_b}\right)^2} \right)^{m/2} \quad \Rightarrow \quad B_0 = 8.05 \; 10^4
\end{cases}
\tag{5.9}
$$

Ensuite, la deuxième étape consiste à déterminer les quatre paramètres D_0, R_v, R_0^* et C_0^*. Ne disposant que deux relations ((5.7) et (5.8)) pour quatre inconnues, des valeurs normalisées de C_0^* et R_v sont arbitrairement choisies, soit :

$$
\begin{cases}
C_0^* = 1\,\mu F \\
R_v = 50\;k\Omega
\end{cases} ,
\tag{5.10}
$$

d'où les valeurs de D_0 et R_0^* :

$$
\begin{cases}
D_0 = 67.08 \; 10^5 \\
R_0^* = 1.67\;k\Omega
\end{cases} .
\tag{5.11}
$$

A l'issue de cette deuxième étape, les quatre paramètres de synthèse de haut niveau m, D_0, ω_b et ω_h de la forme fractionnaire de l'intégrateur d'ordre non entier borné en fréquence sont parfaitement connus.

La troisième étape concerne la détermination des paramètres $\omega_i^{'}$ et ω_i de la forme rationnelle de l'intégrateur d'ordre non entier. Sachant que $m = 0.5$ et que $N = 5$, les valeurs des facteurs récursifs α et η sont données par

$$\alpha = \left(\frac{\omega_h}{\omega_b}\right)^{\left(m/N\right)} = 1.820 \tag{5.12}$$

et

$$\eta = \left(\frac{\omega_h}{\omega_b}\right)^{\left((1-m)/N\right)} = 1.820 \, , \tag{5.13}$$

d'où les valeurs des $\omega_i^{'}$ et ω_i :

$$\begin{cases} \omega_1^{'} = 40.47 \, rad \, / \, s \\ \omega_2^{'} = 134.66 \, rad \, / \, s \\ \omega_3^{'} = 450.36 \, rad \, / \, s \\ \omega_4^{'} = 1500.02 \, rad \, / \, s \\ \omega_5^{'} = 4985.08 \, rad \, / \, s \end{cases} , \text{ et } \begin{cases} \omega_1 = 73.69 \, rad \, / \, s \\ \omega_2 = 246.86 \, rad \, / \, s \\ \omega_3 = 823.00 \, rad \, / \, s \\ \omega_4 = 2736.51 \, rad \, / \, s \\ \omega_5 = 9086.11 \, rad \, / \, s \end{cases} \tag{5.14}$$

Finalement, conformément aux relations établies au chapitre 2, les valeurs des résistances et des capacités issues de la synthèse sont alors :

$$\begin{cases} R_1 = 289.72 \times 10^3 \, \Omega \\ R_2 = 244.25 \times 10^3 \, \Omega \\ R_3 = 148.58 \times 10^3 \, \Omega \\ R_4 = 87.365 \times 10^3 \, \Omega \\ R_5 = 57.730 \times 10^3 \, \Omega \end{cases} , \text{ et } \begin{cases} C_0 = 7.453 \times 10^{-9} \, F \\ C_1 = 85.26 \times 10^{-9} \, F \\ C_2 = 30.40 \times 10^{-9} \, F \\ C_3 = 14.94 \times 10^{-9} \, F \\ C_4 = 7.630 \times 10^{-9} \, F \\ C_5 = 3.474 \times 10^{-9} \, F \end{cases} . \tag{5.15}$$

5.2.3 Performances simulées pour l'état paramétrique nominal du réseau RC

La figure 5.2 permet de comparer les réponses du SDNE obtenues avec la forme rationnelle de l'intégrateur non entier borné en fréquence (en vert), d'une part, et avec le réseau parallèle de cellules RC série (en bleu), d'autre part, et ce pour la valeur nominale de $R_v = 50$ kΩ. Plus précisément, la figure 5.2.a présente les diagrammes de Bode de la

boucle ouverte, la figure 5.2.b les lieux de Black-Nichols de la boucle ouverte et la figure
5.2.c les réponses indicielles de la boucle fermée.

La parfaite superposition des courbes confirme, si besoin, tout l'intérêt de la
démarche présentée au chapitre 2.

Par ailleurs, dans le domaine fréquentiel, les estimations de la fréquence au gain
unité en boucle ouverte ω_u (Figure 5.2.a : ω_u = 600 rad/s) et de la marge de phase M_Φ
(figure 5.2.b : M_Φ = 45°), d'une part, et dans le domaine temporel les estimations du temps
de raideur t_r (temps au bout duquel la réponse passe pour la première fois par sa valeur
finale ; Figure 5.2.c : t_r = 2.5 ms) et du premier dépassement réduit D_1 (figure 5.2.c : D_1 =
32 %), d'autre part, permettent d'affirmer que le comportement dynamique du SDNE est
bien conforme aux spécifications du cahier des charges en matière de rapidité et de degré
de stabilité.

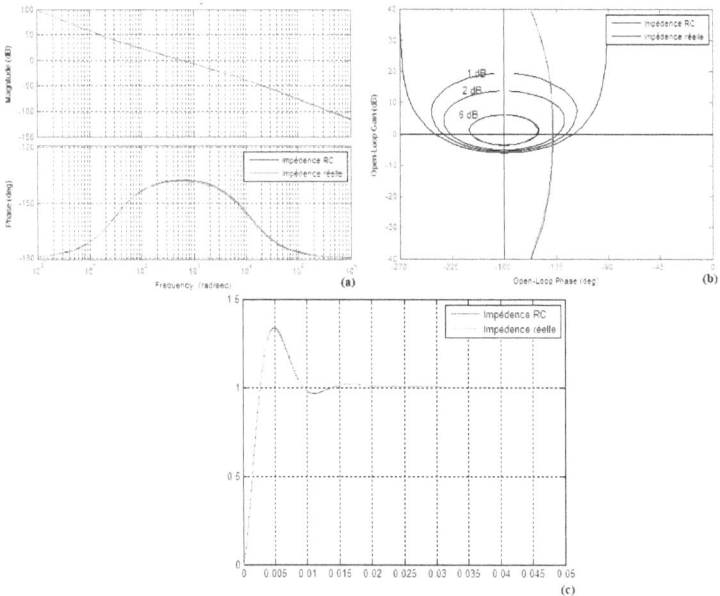

Figure 5.2 - *Réponses du SDNE obtenues avec la forme rationnelle de l'intégrateur
non entier borné en fréquence (en vert) et avec le réseau parallèle de cellules RC
série (en bleu) : (a) diagrammes de Bode de la boucle ouverte, (b) lieux de Black-
Nichols de la boucle ouverte, (c) réponses indicielles de la boucle fermée*

Afin de réaliser ce support d'étude, l'étape suivante consiste à déterminer les valeurs nominales des résistances et des capacités électriques directement disponibles sur le marché ou réalisables à partir de la combinaison de plusieurs composants en série ou en parallèle. L'objectif étant de minimiser le nombre de composants utilisés, une règle pratique est adoptée, à savoir : trois résistances ou trois capacités, au plus, montées en série ou en parallèle, peuvent être utilisées pour obtenir la valeur d'une résistance ou d'une capacité issue de la synthèse. Finalement, les valeurs nominales des résistances et des capacités électriques retenues pour l'implémentation sont :

$$
\begin{cases}
R_1 = 300\ k\Omega \\
R_2 = 250\ k\Omega \\
R_3 = 150\ k\Omega \\
R_4 = 90\ k\Omega \\
R_5 = 62\ k\Omega
\end{cases}
\quad \text{et} \quad
\begin{cases}
C_0 = 8\ nF \\
C_1 = 85\ nF \\
C_2 = 30\ nF \\
C_3 = 15\ nF \\
C_4 = 7\ nF \\
C_5 = 3.3\ nF
\end{cases}
. \tag{5.16}
$$

Ces valeurs définissent l'état paramétrique nominal du réseau RC. Les différences entre les valeurs des relations (5.15) et celles des relations (5.16) constituent un premier niveau d'incertitudes paramétriques.

La figure 5.3 présente une superposition des réponses obtenues, d'une part, avec les valeurs nominales des résistances et des capacités issues de la méthode de synthèse (en bleu) et, d'autre part, avec les valeurs nominales réellement implantées issues du commerce (en vert). Plus précisément, la figure 5.3.a présente les diagrammes de Bode de la boucle ouverte et la figure 5.3.b les réponses indicielles de la boucle fermée.

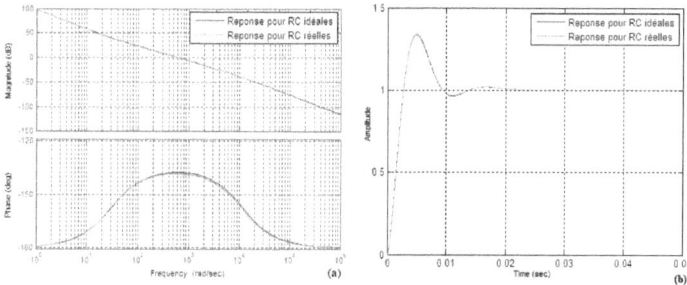

Figure 5.3   - *Réponses obtenues avec les valeurs nominales des résistances et des capacités issues de la méthode de synthèse (en bleu) et avec les valeurs nominales réellement implantées issues du commerce (en vert)*

La parfaite superposition des courbes montre que ce premier niveau d'incertitudes paramétriques n'affecte pas le comportement du SDNE.

Pour compléter cette analyse qualitative, l'influence de ces incertitudes paramétriques sur le comportement du SDNE est quantifiée à partir d'un critère basé sur l'écart relatif de l'énergie de chacune des réponses impulsionnelles, soit :

$$\varepsilon_{\%} = \sum_{j=1}^{J} \frac{\left| y_{re_j}^2 - y_{id_j}^2 \right|}{y_{re_j}^2} 100 \ , \qquad (5.17)$$

où j représente le numéro des échantillons, y_{re} la réponse impulsionnelle obtenue avec les valeurs réellement implantées et y_{id} celle obtenue avec les valeurs issues de la synthèse.

La figure 5.4 présente les réponses impulsionnelles obtenues avec les valeurs issues de la synthèse (en bleu) et avec celles réellement retenues (en rouge). La valeur du critère étant de 0.87 %, les valeurs des composants pour la phase d'implémentation sont bien fidèles à celles issues de la synthèse.

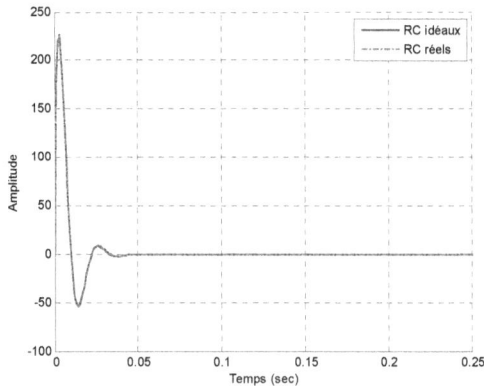

Figure 5.4 – *Réponses impulsionnelles obtenues avec les valeurs des éléments capacitifs et résistifs issues de la synthèse et celles réellement utilisées*

Après avoir vérifié que le comportement nominal obtenu est bien conforme à celui spécifié par le cahier des charges, la robustesse du degré de stabilité vis-à-vis des variations de la résistance R_v est analysée.

Ainsi, la figure 5.5 présente les réponses obtenues avec les valeurs minimale (en vert), nominale (en bleu) et maximale (en rouge) de la résistance R_v. Plus précisément, la figure 5.5.a présente les diagrammes de Bode de l'intégrateur non entier borné en fréquence, la figure 5.5.b les diagrammes de Bode de la boucle ouverte, la figure 5.5.c les lieux de Black-Nichols de la boucle ouverte et, enfin, la figure 5.5.d les réponses indicielles de la boucle fermée.

Ces réponses illustrent bien la robustesse du degré de stabilité vis-à-vis des variations du gain de boucle conformément aux résultats déjà présentés aux chapitres 1 et 2.

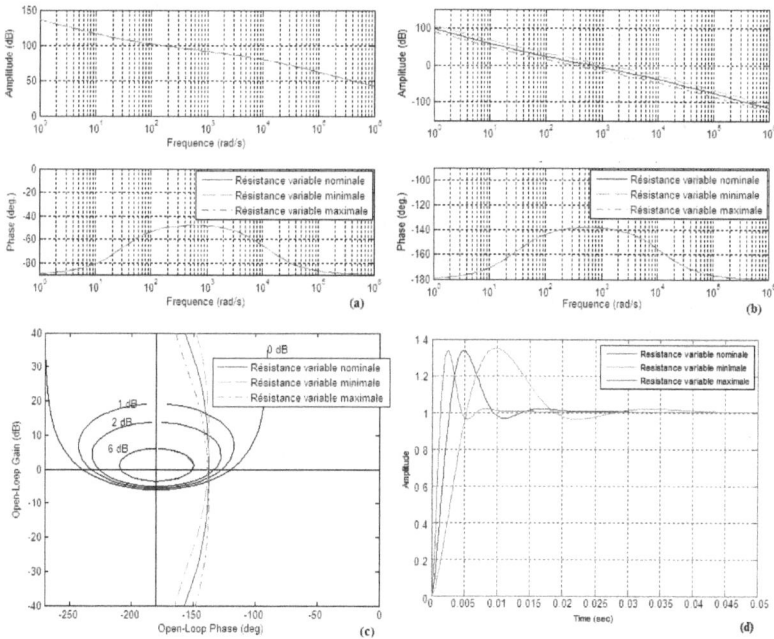

Figure 5.5 – *Illustration de la robustesse du degré de stabilité vis-à-vis des variations de R_v : (a) diagrammes de Bode de l'intégrateur non entier borné en fréquence, (b) diagrammes de Bode de la boucle ouverte, (c) diagramme de Nichols de la boucle ouverte et (d) réponse du banc d'étude à une entrée échelon unité*

5.3 Deuxième phase du cycle en V : la fabrication

5.3.1 Choix de la nature des composants

Différents types de résistances et de capacités existent dans le commerce. Néanmoins, des critères essentiels sont à respecter comme l'encombrement du composant, sa sensibilité aux variations des conditions d'utilisation (température, pression, humidité…), son prix, …

Compte tenu de tous ces critères, seuls deux types de résistance et trois types de capacité sont envisageables pour la réalisation du support d'étude. De plus, conformément à l'hypothèse H1 du chapitre 3, il est important que toutes les capacités, d'une part, et toutes les résistances, d'autre part, aient le même coefficient de température, qu'il soit positif (CTP) ou négatif (CTN).

5.3.1.1 Résistances choisies

Les résistances sont réalisées de manière à être conformes à la loi d'Ohm dans une large plage d'utilisation. Plusieurs types de résistances existent, les plus utilisés étant :

- les *résistances de faible puissance (<1 Watt)* qui sont généralement des résistances à couche de carbone sur un support céramique ;

- les *résistances de grande puissance* qui sont basées sur la technique du fil résistant enroulé sur un corps en céramique ;

- les *résistances de très grande puissance* qui utilisent la technique des « résistances liquides », le courant traversant une solution aqueuse contenant des ions de cuivre[1].

Il existe d'autres types de résistances qui sont utilisées pour réaliser des capteurs comme les photorésistances, les thermistances, les thermo-résistances, … Les photorésistances sont des résistances dont la valeur varie avec la quantité de lumière qui arrive à leurs bornes. Les thermistances, comme les sondes RTD, sont des semi-conducteurs thermosensibles dont la résistance varie avec la température. Elles sont constituées d'un matériau semi-conducteur d'oxyde métallique encapsulé dans une petite bille d'époxy ou de verre. En outre, les thermistances peuvent être généralement utilisées pour de faibles courants et leur gamme varie d'une dizaine d'Ohms à des centaines de

---

[1] Global Sources, Carbon-film resistors: carbon-film resistors up to 5W power rating, 22-09-2008
[2] Thermistor terminology, US Sensor
[3] NI Development Zone, Guide pratique sur les mesures les plus courantes, 6 Aout 2008

KΩ^2. En général, les thermistances ont une sensibilité de mesure très élevée (~200Ω/°C), ce qui les rend très sensibles aux variations de température[3]. Enfin, les thermo-résistances permettent l'étude de la résistivité de certains matériaux en fonction de la température. Ces matériaux peuvent être l'argent, le cuivre, le nickel, l'or, le platine, le titane,... L'inconvénient principal de ce type de résistance est leur prix élevé comparé aux autres composants.

Finalement, les résistances retenues pour la réalisation du support d'étude sont à base de couche de carbone (figure 5.6).

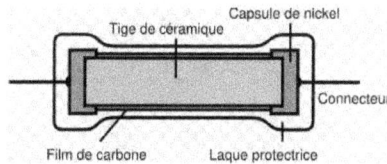

Figure 5.6 – *Résistance à couche de carbone vue en coupe*

Cette résistance est constituée d'une mince couche de carbone déposée sur un support cylindrique en céramique. Pour augmenter la valeur de la résistance, une rainure en hélice est souvent taillée autour du cylindre ; la couche résistante se présente sous la forme d'une bande longue et étroite enroulée en spirale autour du corps de céramique (ceci afin de diminuer la section par la réduction de la largeur et l'augmentation de la longueur de la couche résistive). Cette couche de carbone, très fine et très homogène, constitue une résistance de bonne stabilité [Brown, 2006].

Les résistances à couche de carbone présentent l'inconvénient d'être relativement délicates à produire et dans certains cas d'être le siège d'un phénomène faiblement inductif, surtout pour les fortes valeurs de résistance. Par contre, elles présentent l'avantage d'avoir une bonne fiabilité, une bonne stabilité et une tension de bruit relativement faible par rapport aux autres types de résistances.

Elles fonctionnent pour une température comprise entre -55°C et 125 °C. La gamme de tolérance (et donc des incertitudes) est composée des valeurs ± 1%, ± 2%, ± 5% et ± 10% selon les composants. La puissance que peut supporter ces résistances varie entre 1/8 W jusqu'à 3 W. La gamme des valeurs est comprise entre 1 Ω et 22 MΩ.

---

[2] Thermistor terminology, US Sensor
[3] NI Development Zone, Guide pratique sur les mesures les plus courantes, 6 Aout 2008

Le marquage *quatre-bandes* est le code des couleurs utilisé pour les résistances à couche de carbone. Le tableau 5.1 présente ce code. Ainsi, par exemple, au marquage *rouge/vert/bleu/or* correspond la valeur : 25 ohms x (10^6) = 25 x 1000000 Ω = 25 MΩ ±5%.

Couleur	1ère bande	2ème bande	3ème bande	4ème bande (tolérance)
Brun	1	1	$\times 10^1$	±1%
Rouge	2	2	$\times 10^2$	±2%
Orange	3	3	$\times 10^3$	
Jaune	4	4	$\times 10^4$	
Vert	5	5	$\times 10^5$	±0.5%
Bleu	6	6	$\times 10^6$	±0.25%
Violet	7	7	$\times 10^7$	±0.1%
Gris	8	8	$\times 10^8$	±0.05% (a)
Blanc	9	9	$\times 10^9$	
Or			$\times 10^{-1}$	±5%
Argent			$\times 10^{-2}$	±10%
Aucun				±20%

Tableau 5.1 *– Code des couleurs des résistances à couche de carbone à quatre bandes*

5.3.1.2 Capacités choisies

Comme pour les résistances, de nombreuses techniques, souvent issues de la chimie, ont permis d'améliorer remarquablement les performances des condensateurs grâce à la quantité du diélectrique employé. C'est donc la nature du diélectrique qui permet de classifier les condensateurs, à savoir [Dorf *et al.*, 2010] :

- les condensateurs non polarisés de faible valeur sont essentiellement réalisés en technologie « mylar » ou « céramique » ;
- les condensateurs polarisés sont réalisés en technologie « électrolyte » et « tantale » ;
- les super-condensateurs non polarisés, quant à eux, ont une énorme capacité mais une faible tenue en tension.

Compte tenu de la nature du support d'étude et des valeurs des capacités obtenues à l'issue de la démarche de synthèse, les condensateurs non polarisés en céramique sont retenus pour l'implémentation. Ce sont des composants bon marché très répandus dans les appareils et dans tous les domaines. Il en existe une grande variété, tant par les caractéristiques que par les méthodes de fabrication. Les condensateurs céramiques multicouches commencent à concurrencer les condensateurs électrolytiques pour les capacités allant jusqu'à plusieurs dizaines de µF. Le diélectrique est une céramique, c'est à dire un matériau de synthèse obtenu par compression à haute température d'une poudre de composition plus ou moins complexe (silicates de magnésium, d'aluminium... auxquels sont ajoutés du titane, calcium...). La composition de la céramique détermine les caractéristiques du diélectrique, en particulier la permittivité qui peut varier dans de grandes proportions, et la stabilité en température. Les condensateurs de faibles valeurs sont constitués simplement d'une pastille, d'un tube ou d'un disque de céramique métallisé à l'argent sur chacune de ses faces [Huelsman, 1972].

L'utilisation des condensateurs céramiques est si large qu'il est plus simple de citer les cas où d'autres types sont préférés :
- dans les oscillateurs où une grande stabilité de la capacité est requise, on préfère les condensateurs au mica, au polystyrène ou au polycarbonate.
- dans les circuits de filtrage et de découplage où une très grande capacité est requise, les condensateurs électrolytiques (aluminium et tantale), bien que polarisés, règnent en maîtres.
- dans les circuits à basse fréquence car leur capacité est généralement trop faible.
Leur tension de service peut atteindre 5 000V dans l'air et jusqu'à 17 000V dans l'huile. A noter que le coefficient de température est positif, c'est-à-dire que la valeur de la capacité augmente avec la température.

5.3.2 Estimation des incertitudes paramétriques des composants R et C choisis

Dans le domaine électrique, les incertitudes paramétriques des composants électriques R et C liées aux imperfections inhérentes à la fabrication sont parfaitement bornées. Par exemple pour les résistances, il y a un code qui contient 4 ou 5 barres de couleurs dont la dernière est utilisée pour donner la précision de la valeur de la résistance.

De la même manière, le code des capacités est basé sur 3 chiffres et un code alphanumérique qui indique lui aussi la valeur maximale ou la tolérance de cette capacité[4].

D'autres incertitudes paramétriques existent dues à certaines grandeurs comme la température ou la pression [Ward, 1970] [Bird, 2007].

5.3.2.1 Incertitudes des résistances

Deux catégories de facteurs influent donc sur la valeur de la résistance. La première résulte des incertitudes liées à la tolérance de la résistance précisée par le fabricant, cette tolérance pouvant varier de $\pm 0.1\%$ à $\pm 10\%$. En général, cette valeur est de $\pm 5\%$ pour la plupart des résistances à couche de carbone qui se trouvent sur le marché. Une autre incertitude apparait avec la résistance interne des fils de connexion qui relient les deux bornes des résistances ou qui interconnectent les différents composants du circuit électrique. Néanmoins, les expériences ont montré que la résistance d'un fil de connexion de 10 cm de longueur et de diamètre inférieur à 1 mm ne dépasse par 2Ω, ce qui est vraiment négligeable par rapport aux résistances du réseau RC dont les valeurs varient entre $58k\Omega$ et $300k\Omega$.

La figure 5.7 présente les réponses du support d'étude tracées pour la valeur nominale de la résistance $R_v = 50$ $k\Omega$ et pour les valeurs extrémales des résistances utilisées pour la réalisation de l'intégrateur non entier borné en fréquence. L'observation de ces réponses confirme bien que pour des incertitudes paramétriques négligeables devant l'unité (chapitre 3), en l'occurrence $\pm 5\%$, le comportement du SDNE de 1ère espèce n'est pas modifié.

Pour les incertitudes paramétriques liées à une grandeur physique, une attention toute particulière est faite en ce qui concerne la température du milieu où la résistance est placée. Diverses expériences ont été faites pour analyser l'influence de ce phénomène sur les valeurs des résistances. Les résultats ont montré que la variation des valeurs des résistances reste inférieure à $\pm 5\%$. Ainsi, la figure 5.8 représente les valeurs de deux résistances soumises à des températures variant entre -10°C et 100°C.

---

[4] International Electrotechnical Commission IEC60062, Making codes for Resistors and Capacitors, International Standard, Fifth edition, 11-2004, Switzerland

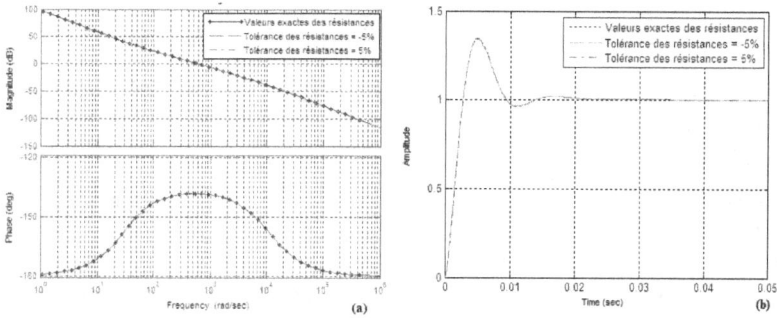

Figure 5.7 – *Réponses du support d'étude tracées pour les valeurs extrémales des résistances utilisées pour la réalisation de l'intégrateur non entier borné en fréquence : (a) diagrammes de Bode en boucle ouverte et (b) réponses indicielles en boucle fermée*

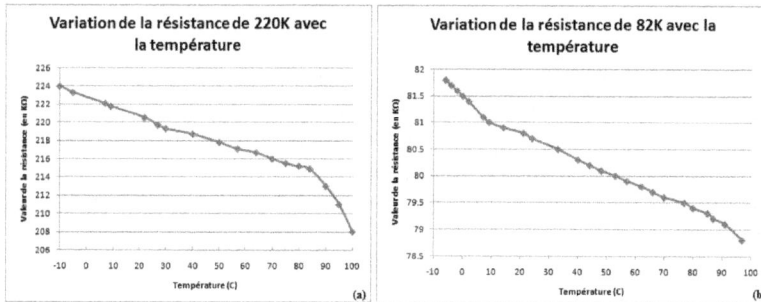

Figure 5.8 – *Influence de la température sur les résistances de (a) 220KΩ et (b) 82kΩ*

La première constatation (figure 5.8.a-b) est que la résistance obéit au coefficient de variation de température négatif (CTN) puisque l'augmentation de la température se traduit par une diminution de la valeur de la résistance. De plus, la variation de la valeur de la résistance n'est pas très importante en raison de l'isolant qui enveloppe ce genre de résistances, conduisant ainsi à une faible sensibilité à la variation de température. Le tableau 5.2 présente la valeur moyenne effective de chaque résistance, sa tolérance ainsi que le pourcentage de variation maximale et minimale vis-à-vis de la variation de la température.

	$R = 220\ k\Omega$	$R = 82\ k\Omega$
Valeur à la température ambiante T=22°C	220.5 kΩ	80.7 kΩ
Valeur moyenne	217.47 kΩ	80.31 kΩ
Tolérance à la température ambiante T=22°C	0.22%	1.51%
Tolérance à la température minimale T=-10°C	5.45%	3.90%
Tolérance à la température maximale T=100°C	-1.82%	-0.24%

Tableau 5.2 – *Analyse de l'influence de la température sur les valeurs des résistances de 220 kΩ et de 82 kΩ*

D'après le tableau 5.2, la sensibilité des composants résistifs reste dans une zone de l'ordre de ±5%, d'où l'absence de changements notables au niveau de la réponse du banc (déjà vue dans la figure 5.5). Ainsi, l'influence des incertitudes des éléments résistifs est négligeable et n'atteint pas plus de ±5% de la valeur nominale de ces composants.

5.3.2.2 Incertitudes des capacités

Après avoir présenté les incertitudes des composants résistifs et analysé leur faible influence sur le comportement du support d'étude électrique, ce paragraphe étudie l'influence de la variation des valeurs des capacités. Comme déjà mentionné, les incertitudes peuvent être regroupées en deux catégories : la première liée à la tolérance des composants capacitifs indiquée par le fabricant, la seconde résultant de l'influence des variations de grandeurs physiques, notamment les variations de température.

Pour la première catégorie, la tolérance peut varier entre ±0.5pF dans le meilleur des cas, et entre +80% et -20% de la valeur nominale précisée par le fabricant dans le pire des cas. Pour les capacités en céramique utilisées pour la réalisation du support d'étude, la tolérance ne dépasse pas ±5%.

La figure 5.9 présente les réponses du support d'étude tracées avec les valeurs minimales et maximales des capacités, et avec les valeurs nominales des composants résistifs. Plus précisément, la figure 5.9.a représente les diagrammes de Bode de la boucle ouverte, tandis que la figure 5.9.b présente les réponses indicielles de la boucle fermée.

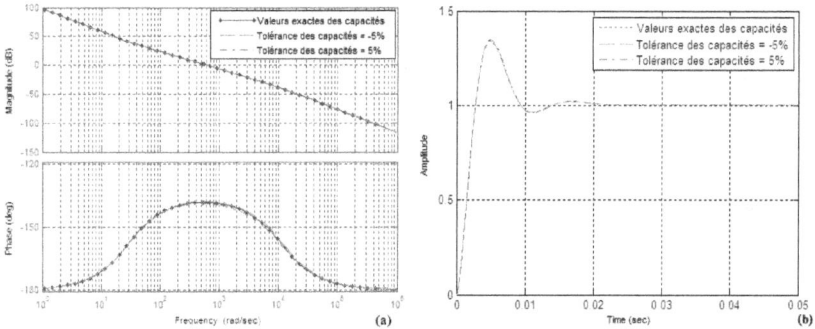

Figure 5.9 – *Influence des incertitudes des capacités sur la réponse du support d'étude (a) en boucle ouverte (diagrammes de Bode) et (b) en boucle fermée (réponses indicielles)*

L'observation de la figure 5.9 confirme, une fois de plus, que les incertitudes paramétriques des composants capacitifs ne modifient pas le comportement du SDNE de 1ère espèce dès l'instant où elles sont négligeables devant l'unité.

Quant à l'influence de la température, elle est étudiée à partir des mesures des capacités placées dans des milieux de températures différentes. La figure 5.10 présente les variations de deux capacités en céramique en fonction de la température. Ce type de capacités a un coefficient de température positif (les valeurs des charges augmentent avec l'augmentation de la température).

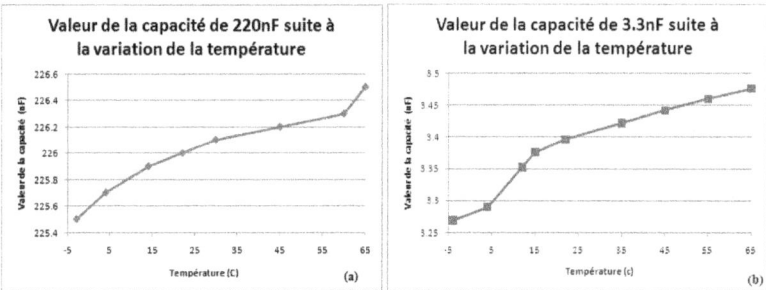

Figure 5.10 – *Influence de la température sur les composants capacitifs de (a) 220nF et (b) 3.3nF*

La variation de la température influence faiblement la valeur de la capacité. Le tableau 5.3 présente la valeur moyenne effective de chaque capacité, sa tolérance, ainsi que le pourcentage de variation maximale et minimale vis-à-vis de la variation de la température.

	C = 220 nF	C = 3.3 nF
Valeur à la température ambiante T=22°C	226 nF	3.396 nF
Valeur moyenne	226.025 nF	3.387 nF
Tolérance à la température ambiante T=22°C	2.65%	2.91%
Tolérance à la température minimale T=-10°C	2.5%	0.94%
Tolérance à la température maximale T=100°C	2.95%	5.33%

Tableau 5.3 – *Analyse de l'influence de la température sur les valeurs les capacités de 220 nF et de 3.3 nF*

5.3.3   Performances simulées en présence des incertitudes du réseau RC

Après avoir présenté les incertitudes paramétriques les plus courantes dans le domaine électrique, la très faible influence de ces incertitudes sur le comportement du SDNE de 1ère espèce est vérifiée en simulation. De plus, les résistances choisies ont un coefficient de température négatif (CTN), tandis que les capacités ont un coefficient de température positif (CTP).

La figure 5.11 présente les réponses obtenues en prenant en compte à la fois les incertitudes des éléments capacitifs et résistifs. Plus précisément, la figure 5.11.a représente les diagrammes de Bode de la boucle ouverte, tandis que la figure 5.11.b présente les réponses indicielles de la boucle fermée. Pour les deux figures, les réponses en bleu représentent le cas où les valeurs des résistances et des capacités utilisées sont nominales, les réponses en vert représentant le cas où les valeurs sont minimales et les réponses en rouge le cas où les valeurs sont maximales.

L'observation de ces réponses permet d'affirmer de manière qualitative que ces incertitudes paramétriques n'affectent pas le comportement dynamique du SDNE.

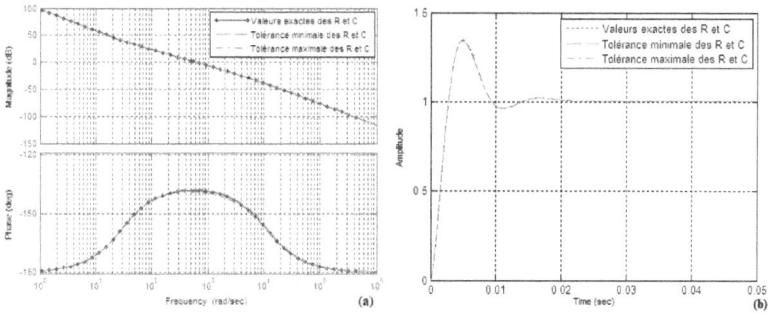

(a)   (b)

Figure 5.11 – *Influence des incertitudes des résistances et des capacités sur la réponse du support d'étude (a) en boucle ouverte (diagrammes de Bode) et (b) en boucle fermée (réponses indicielles)*

La figure 5.12 présente les réponses impulsionnelles du SDNE obtenues avec les valeurs nominales (en bleu), minimales (en rouge) et maximales (en vert), la tolérance des résistances et des capacités étant de ±5%.

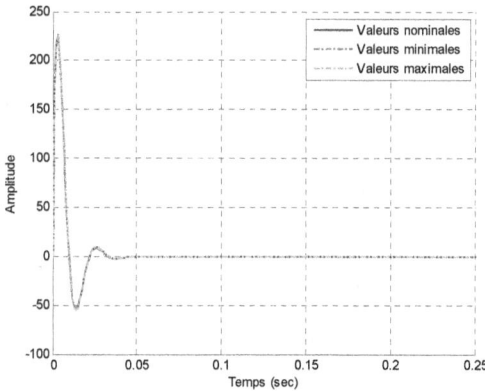

Figure 5.12 – *Réponses impulsionnelles du SDNE obtenues avec les valeurs nominales (en bleu), minimales (en rouge) et maximales (en vert) des composants du réseau RC*

Là encore, pour compléter cette analyse qualitative, l'influence de ces incertitudes paramétriques sur le comportement du SDNE est quantifiée à partir d'un critère basé sur l'écart relatif de l'énergie de chacune des réponses impulsionnelles, soit :

$$\varepsilon = \sum_{i=1}^{N} \frac{\left| y_{nom_i}^2 - y_{min_i}^2 \right|}{y_{nom_i}^2} \times 100 = 1.39\%, \tag{5.18}$$

et
$$\varepsilon = \sum_{i=1}^{N} \frac{\left| y_{nom_i}^2 - y_{max_i}^2 \right|}{y_{max_i}^2} \times 100 = 1.38\%, \tag{5.19}$$

où y_{nom}, y_{min} et y_{max} représentent les réponses impulsionnelles pour les valeurs nominales, minimales et maximales des composants du réseau RC.

Ces résultats confirment bien que les incertitudes paramétriques des éléments du réseau RC utilisé pour la réalisation de l'intégrateur d'ordre non entier borné en fréquence ne modifient pas le comportement du SDNE de 1ère espèce dès l'instant où ces incertitudes sont négligeables devant l'unité.

5.4 Troisième phase du cycle en V : l'intégration et la validation

L'objectif est non seulement de valider expérimentalement les développements analytiques et les performances simulées, mais aussi de disposer d'un modèle de validation (simulateur) développé sous Simulink. Ce dernier doit reproduire fidèlement le comportement du dispositif expérimental, en particulier les caractéristiques réelles des amplificateurs opérationnels, et ce afin de faciliter la définition du protocole d'essai, notamment le calibrage des signaux.

5.4.1 Dispositif expérimental

La figure 5.13 présente une vue d'ensemble du dispositif expérimental composé :
- du support d'étude réalisé sur une planche de prototypage rapide ;
- d'un générateur de tension pour l'alimentation des amplificateurs opérationnels ;
- d'un générateur de signaux ;
- d'un oscilloscope à mémoire pour visualiser et enregistrer les signaux ;
- d'un ordinateur pour sauvegarder les données.

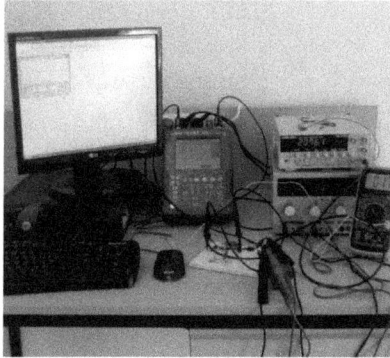

Figure 5.13 – *Vue d'ensemble du dispositif expérimental*

5.4.2 Protocole d'essai

Le protocole d'essai comporte deux phases.

La première consiste à vérifier que le comportement dynamique (degré de stabilité, rapidité,...) du dispositif expérimental pour l'état paramétrique nominal, défini par une température ambiante de 22°C et une valeur nominale de la résistance variable de 50 kΩ, est bien conforme aux spécifications du cahier des charges, et ce malgré les incertitudes paramétriques du réseau RC.

La seconde phase a pour objectif de vérifier la propriété de robustesse du degré de stabilité vis-à-vis des variations de la résistance R_v et vis-à-vis des variations de la température ambiante. Pour atteindre cet objectif, 9 essais sont réalisés. Ainsi, pour chacune des 3 températures (0°C, 22°C et 40°C), 3 essais sont effectués correspondant aux 3 valeurs de la résistance variable R_v (18 kΩ, 50 kΩ et 142 kΩ).

Enfin, les signaux d'entrée utilisés dans le cadre de ce protocole sont :
- un signal sinusoïdal d'amplitude 1 V pour une analyse harmonique sur une plage fréquentielle [ω_{min} ; ω_{max}] où le comportement du système reste linéaire ;
- un signal rectangulaire périodique dont l'amplitude varie soit entre 0 et 1 V, soit entre ± 1 V, et dont la demi-période (0.05 s) est suffisamment importante pour observer le comportement en régime permanent quelle que soit la valeur de la résistance variable ;
- une impulsion triangulaire définie par

$$u(t) = \begin{cases} 0 & si \ t < 0 \\ 20t & si \ 0 \geq t < 0.05 \\ -20t + 2 & si \ 0.05 < t < 0.1 \\ 0 & si \ t > 0.1 \end{cases} \tag{5.20}$$

et représentée figure 5.14.

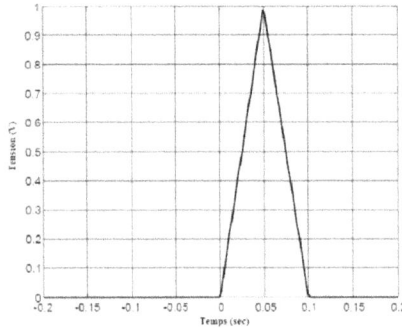

Figure 5.14 – *Tracé de l'impulsion triangulaire définie par la relation (5.20)*

5.4.3   Validation à l'aide d'un simulateur

Un modèle de validation non linéaire (simulateur) a été développé sous Simulink en prenant en compte, à partir de la documentation des constructeurs et de manière modulaire, les comportements réels de tous les composants (résistances, capacités, amplificateurs opérationnels). L'utilisation de ce simulateur constitue l'étape ultime de validation avant l'expérimentation. Ce paragraphe présente les résultats obtenus en appliquant le protocole d'essai défini précédemment.

5.4.3.1   *Première phase du protocole d'essai*

Pour une température ambiante de 22°C et une valeur nominale de la résistance variable de 50 kΩ, la figure 5.15 présente les réponses du simulateur au signal rectangulaire périodique.

L'estimation du temps de raideur t_r = 2.5 ms, d'une part, et l'estimation du dépassement réduit D_l = 32 %, d'autre part, permettent de confirmer que le comportement dynamique, en matière de rapidité et de degré de stabilité, est bien conforme aux spécifications du cahier des charges, et ce pour l'état paramétrique nominal.

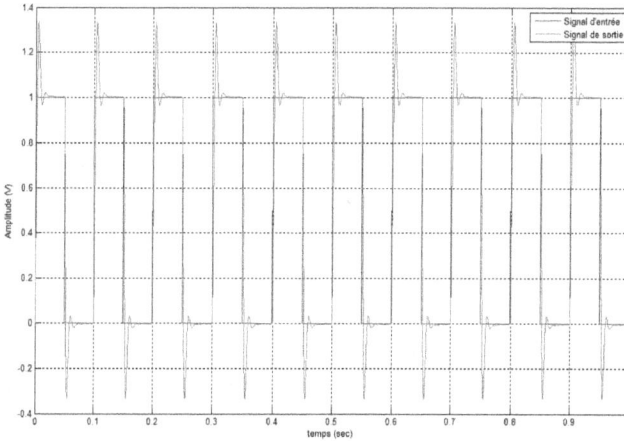

Figure 5.15 – *Réponses du simulateur au signal rectangulaire périodique pour l'état paramétrique nominal*

5.4.3.2 Seconde phase du protocole d'essai

L'objectif est de vérifier à l'aide du simulateur la robustesse du degré de stabilité du SDNE de 1ère espèce vis-à-vis des variations de la résistance R_v (18 kΩ, 50 kΩ et 140 kΩ) et vis-à-vis des variations de la température ambiante (0°C, 22°C et 40°C).

Ainsi, la figure 5.16 présente les réponses temporelles pour les trois valeurs de la résistance variable et pour une température ambiante de 22 °C. Plus précisément, la figure 5.16.a présente les réponses à l'impulsion triangulaire définie par la relation (5.20) et la figure 5.16.b les réponses au signal rectangulaire périodique.

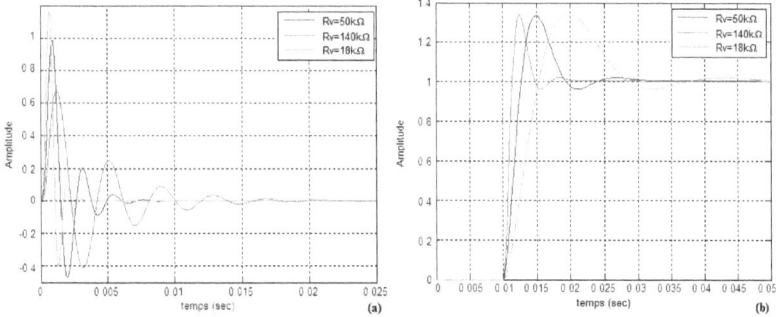

Figure 5.16 – *Réponses temporelles du simulateur pour trois valeurs de la résistance variable, pour une température ambiante de 22 °C et pour : (a) l'impulsion triangulaire et (b) le signal rectangulaire*

Pour chacune des trois valeurs de la résistance R_v, la figure 5.17 (impulsion triangulaire) et la figure 5.18 (signal rectangulaire) présentent les réponses temporelles obtenues pour les trois valeurs de la température.

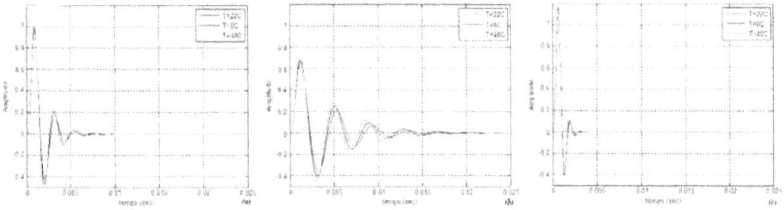

Figure 5.17 - *Réponses du simulateur à l'impulsion triangulaire pour les trois valeurs de la température ambiante et pour : (a) $R_v = 50$ KΩ (b) $R_v = 140$ KΩ et (c) $R_v = 18$ KΩ*

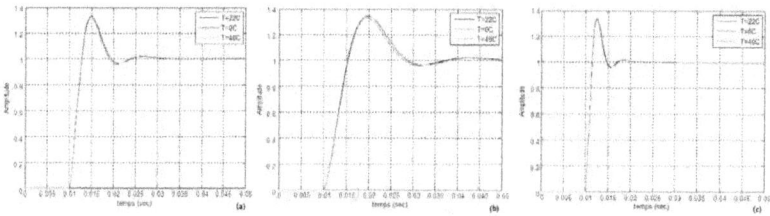

Figure 5.18 – *Réponses du simulateur au signal rectangulaire pour les trois valeurs de la température ambiante et pour : (a) $R_v = 50\ K\Omega$ (b) $R_v = 140\ K\Omega$ et (c) $R_v = 18\ K\Omega$*

L'ensemble de ces réponses temporelles ne fait que confirmer les conclusions déjà faites, à savoir que le degré de stabilité du SDNE de 1ère espèce est insensible aux variations de la résistance R_v dans l'intervalle [18 kΩ ; 140 kΩ] et aux variations de la température ambiante dans l'intervalle [0°C ; 40°C].

Les figures 5.19 et 5.20 présentent les caractéristiques tension-charge des six capacités et les caractéristiques tension-courant des cinq résistances respectivement, et ce pour les trois valeurs de la température.

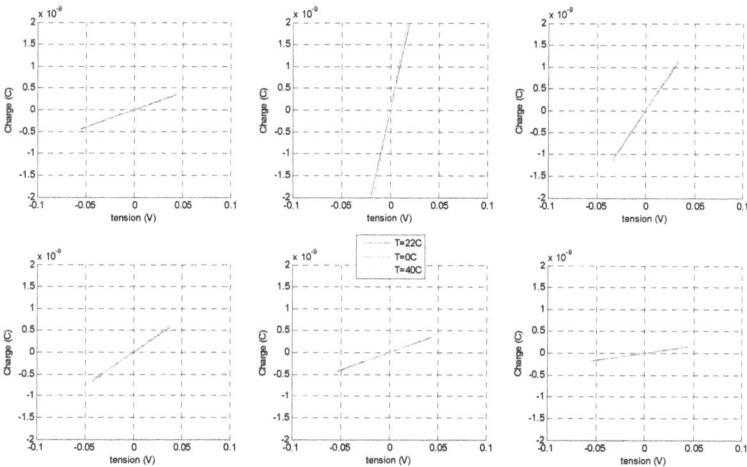

Figure 5.19 – *Domaines de fonctionnement des six capacités*

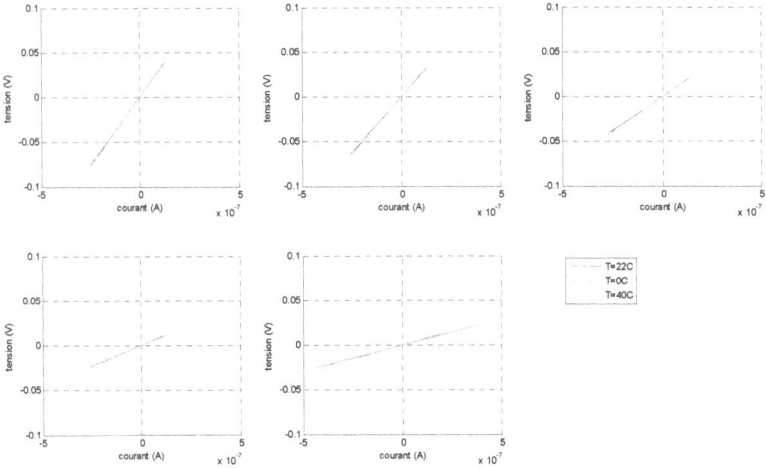

Figure 5.20 – *Domaines de fonctionnement des cinq résistances*

Ces tracés montrent que la variation de la température a peu d'influence sur les caractéristiques des composants C et R du réseau.

5.4.4 Validation à l'aide du dispositif expérimental

5.4.4.1 Première phase du protocole d'essai

Pour l'état paramétrique nominal (22°C avec $R_v = 50$ kΩ), la figure 5.21 présente :
- la réponse (en noir) à l'entrée sinusoïdale (en rouge) pour une fréquence de 10 Hz, soit environ 63 rad/s ;
- la réponse (en vert) à l'entrée rectangulaire périodique (en bleu).

Dans le cas du régime harmonique stationnaire, les signaux d'entrée (en rouge) et de sortie (en noir) se superposent parfaitement. Ce résultat est cohérent dans la mesure où la fréquence d'excitation (63 rad/s) se situe à l'intérieur de la bande passante du SDNE dont l'ordre de grandeur de la borne supérieure est fixé par la fréquence au gain unité en boucle ouverte, à savoir 600 rad/s. Il est à noter que l'absence de distorsion du signal de sortie confirme que le système fonctionne bien dans son domaine linéaire.

D'autre part, à partir du tracé de la réponse au signal rectangulaire périodique, l'estimation du temps de raideur, d'une part, et l'estimation du dépassement réduit, d'autre part, permettent de confirmer que le comportement dynamique du dispositif expérimental est bien conforme aux spécifications du cahier des charges en matière de rapidité et de degré de stabilité.

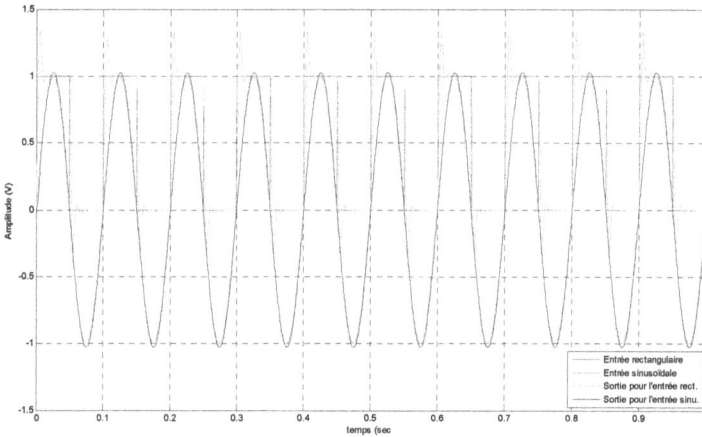

Figure 5.21 – *Réponses du dispositif expérimental aux entrées sinusoïdale et rectangulaire*

5.4.4.2 Seconde phase du protocole d'essai

Dans cette seconde phase, la robustesse du degré de stabilité du SDNE vis-à-vis des variations de la résistance R_v (18 kΩ, 50 kΩ et 140 kΩ) et vis-à-vis des variations de la température ambiante (0°C, 22°C et 40°C) est testée.

Ainsi, pour une température ambiante de 22°C et pour un signal rectangulaire périodique et symétrique (± 1 V) centré sur 0 V (en rouge), la figure 5.22 présente de manière superposée les réponses du dispositif expérimental enregistrées par l'oscilloscope à mémoire pour les différentes valeurs de la résistance R_v (en vert : R_v = 140 kΩ ; en orange : R_v = 50 kΩ ; en bleu : R_v = 18 kΩ). Il est à noter que pour des raisons de clarté, le signal d'entrée est affiché à l'écran volontairement avec un décalage vertical par rapport aux réponses.

Ces enregistrements confirment et valident expérimentalement la propriété de robustesse du degré de stabilité du SDNE vis-à-vis des variations de R_v dans l'intervalle [18 kΩ ; 140 kΩ].

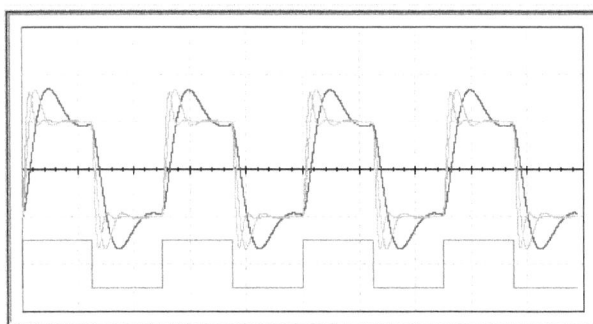

Echelle du temps : 20 ms/div ;
Echelle verticale pour l'entrée en rouge : 2 V/div ;
Echelle verticale pour les réponses : 1 V/div ;

Figure 5.22 – *Réponses du dispositif expérimental pour une température ambiante de 22°C et pour les différentes valeurs de la résistance R_v (en vert : R_v = 140 kΩ ; en orange : R_v = 50 kΩ ; en bleu : R_v = 18 kΩ)*

Ensuite, les essais précédents pour les trois valeurs de la résistance R_v sont renouvelés :

- à la température minimale de 0°C, la planche de prototypage rapide étant placée dans un réfrigérateur ou dans un sac isolant contenant de la glace (photos figure 5.23) ;
- à la température maximale de 40°C, la planche de prototypage rapide est positionnée sur une bouillote contenant une eau chaude, l'ensemble étant placé dans un sac d'isolation thermique (photos figure 5.24).

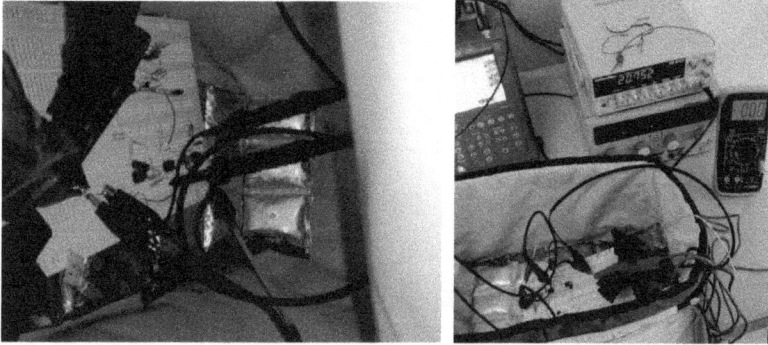

Figure 5.23 - *Support d'étude placé à la température ambiante de 0 ℃*

Figure 5.24 – *Support d'étude placé à la température ambiante de 40 ℃*

Pour les trois valeurs de la résistance R_v, les figures 5.25, 5.26 et 5.27 présentent les réponses du dispositif expérimental enregistrées par l'oscilloscope à mémoire, et ce pour les trois températures étudiées. Plus précisément, la figure 5.25 correspond au cas où $R_v =$ 18 kΩ, la figure 5.26 au cas où $R_v = 50$ kΩ et enfin la figure 5.27 au cas où $R_v = 140$ kΩ. Les courbes en bleu correspondent aux réponses obtenues pour la température de 40°C, les courbes en vert pour la température ambiante de 22 °C et les courbes en noir pour la température de 0°C.

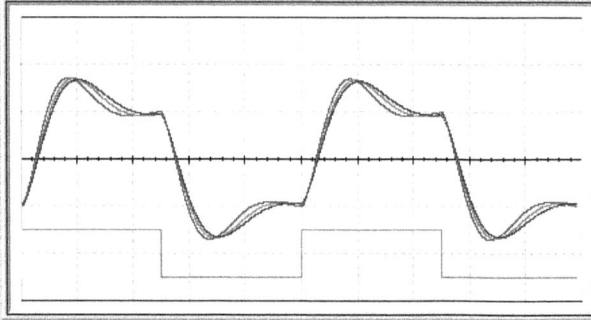

Echelle du temps : 10 ms/div ;
Echelle verticale pour l'entrée en rouge : 2 V/div ;
Echelle verticale pour les réponses : 1 V/div ;

Figure 5.25 – *Réponses du dispositif expérimental pour R_v = 18 kΩ et pour les différentes valeurs de la température (en bleu : 40°C ; en vert : 22°C ; en noir : 0°C)*

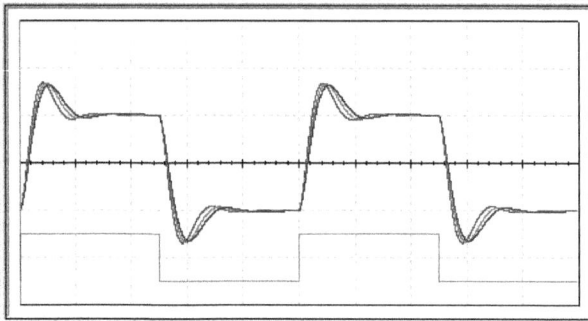

Echelle du temps : 10 ms/div ;
Echelle verticale pour l'entrée en rouge : 2 V/div ;
Echelle verticale pour les réponses : 1 V/div ;

Figure 5.26 – *Réponses du dispositif expérimental pour R_v = 50 kΩ et pour les différentes valeurs de la température (en bleu : 40°C ; en vert : 22°C ; en noir : 0°C)*

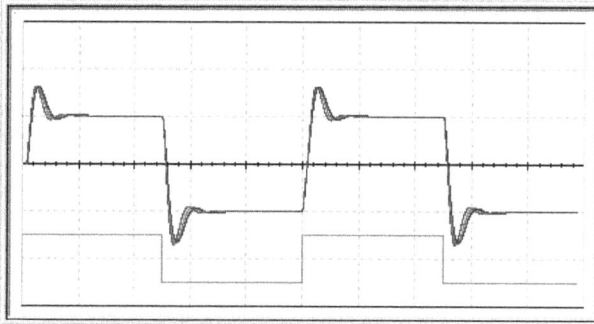

Echelle du temps : 10 ms/div ;
Echelle verticale pour l'entrée en rouge : 2 V/div ;
Echelle verticale pour les réponses : 1 V/div ;

Figure 5.27 – *Réponses du dispositif expérimental pour R_v = 140 kΩ et pour les différentes valeurs de la température (en bleu : 40°C ; en vert : 22°C ; en noir : 0°C)*

L'ensemble de ces mesures confirme et valide expérimentalement la propriété de robustesse du degré de stabilité du SDNE ainsi réalisé vis-à-vis des variations de la température sur l'intervalle [0°C ; 40°C].

5.5 Conclusion

Ce dernier chapitre constitue une illustration dans le domaine de l'électronique des développements théoriques et méthodologiques présentés dans les trois premiers chapitres, sa progression étant conforme aux trois phases d'un cycle en V (Conception, Fabrication et Intégration).

En matière d'illustration de l'analyse de l'influence des incertitudes liées à la réalisation d'un intégrateur d'ordre non entier telle que présentée au chapitre 3, il est un complément au chapitre 4. En effet, la nature des incertitudes rencontrées dans le domaine de l'électronique est différente de celle rencontrée dans le domaine de la mécanique, en particulier dans le cadre d'une réalisation en technologie hydropneumatique.

Enfin, les résultats obtenus confirment bien, notamment dans un contexte expérimental, que les incertitudes paramétriques des composants du réseau parallèle de cellules RC en série n'affectent pas la robustesse du degré de stabilité du SDNE, non seulement vis-à-vis des variations d'un facteur 8 du gain de boucle, mais aussi vis-à-vis des variations de la température dans une plage comprise entre 0°C et 40°C.

Conclusion générale et perspectives

L'interprétation et la discussion des principaux résultats présentés dans ce mémoire de thèse font l'objet de la conclusion.

Le *chapitre 1* constitue un tutorial dans la mesure où il est consacré aux définitions et aux interprétations de l'intégration et de la dérivation fractionnaires, ainsi qu'à l'étude de la dynamique d'un SDNE de 1ère espèce, permettant ainsi de bien mettre en évidence les propriétés les plus remarquables d'un tel système. La compréhension de l'origine de ces propriétés facilite ensuite, dans une démarche de conception, l'établissement des spécifications des performances souhaitées. Les exemples proposés de SDNE montrent bien que l'intégration et la dérivation fractionnaires ne sont pas seulement des concepts mathématiques résultant d'une volonté de généralisation, mais qu'ils sont bien présents notamment en Physique.

Le *chapitre 2* s'inscrit dans la continuité du précédent avec le développement de deux méthodes de synthèse : l'une appelée *méthode descendante* (du concept à la réalisation), l'autre appelée *méthode ascendante* (de la réalisation au concept). Ces deux méthodes mettent bien en évidence, grâce à la structure naturellement bouclée du SDNE de 1ère espèce, qu'une approximation à base de réseaux RC de l'intégrateur fractionnaire, même limitée à une décade, est satisfaisante dès l'instant où elle est effectuée au voisinage de la fréquence au gain unité en boucle ouverte.

Le *chapitre 3*, consacré à l'influence des incertitudes liées à la réalisation d'un intégrateur fractionnaire sur le comportement dynamique d'un SDNE de 1ère espèce, constitue en matière d'analyse, par rapport aux travaux antérieurs, la partie la plus originale de ce mémoire. Ce chapitre résulte d'une volonté d'extension de l'analyse de la robustesse du degré de stabilité à d'autres incertitudes que celles traitées historiquement au sein de l'équipe CRONE, comme par exemple la variation de la masse d'eau avec la digue poreuse, la variation de la masse suspendue avec la suspension CRONE, ou encore les variations paramétriques du procédé avec la commande CRONE. La démarche générique adoptée tout au long des trois premiers chapitres résulte de l'expérience acquise en matière de réalisation d'un intégrateur fractionnaire dans différents domaines de la physique.

Le *chapitre 4* s'inscrit dans le prolongement de la thèse de Pascal SERRIER. Il illustre dans le domaine de l'isolation vibratoire les développements analytiques présentés dans les trois premiers chapitres. En effet, les réseaux hydropneumatiques utilisés pour réaliser l'intégrateur fractionnaire qui caractérise l'impédance de la suspension CRONE présentent des incertitudes, à la fois paramétriques (les capacités hydropneumatiques C dépendent, notamment, de la valeur de la masse suspendue à travers la pression statique) et structurelles (les éléments R et C sont non linéaires, et les canalisations hydrauliques du réseau présentent des effets parasites). Les résultats obtenus montrent que ces incertitudes n'affectent pas la robustesse du degré de stabilité vis-à-vis des variations de la masse suspendue, prolongeant ainsi dans un contexte incertain, en particulier non linéaire, la mise en défaut de l'interdépendance masse-amortissement déjà obtenue dans un contexte linéaire.

Enfin, le *chapitre 5* illustre dans un autre domaine, en l'occurrence l'électronique, les trois phases du cycle en V, à savoir : Conception-Fabrication-Intégration. En effet, le support d'étude proposé est dimensionné pour posséder un comportement dynamique d'un SDNE de $1^{\text{ère}}$ espèce. Les résultats obtenus montrent que les incertitudes des composants des cellules RC utilisés pour réaliser l'intégrateur fractionnaire n'affectent pas la robustesse du degré de stabilité, non seulement vis-à-vis des variations d'un facteur 8 du gain de boucle, mais aussi vis-à-vis des variations de la température dans une plage comprise entre 0°C et 40°C. Ces résultats confirment, tant par la simulation que par l'expérimentation, les développements analytiques des trois premiers chapitres.

Les perspectives à moyen terme s'inscrivent directement dans la continuité des travaux en cours, c'est-à-dire dans le cadre des incertitudes liées à la réalisation de l'opérateur intégro-différentiel fractionnaire telles qu'elles sont présentées dans ce mémoire.

Ainsi, concernant l'analyse de l'influence des incertitudes liées à la réalisation d'un intégrateur fractionnaire sur le comportement dynamique d'un SDNE de $1^{\text{ère}}$ espèce, deux approches sont envisagées : l'approche par intervalles et l'approche par systèmes LPV (Linéaires à Paramètres Variants).

La première s'appuie, notamment, sur les travaux de thèse de Firas KHEMANE [Khemane, 2011] (*Estimation fréquentielle par modèle non entier et approche ensembliste – Application à la modélisation de la dynamique du conducteur*, Dir. : Xavier MOREAU, Co-Enc. : Rachid MALTI). Cette approche permet de bénéficier des outils théoriques de l'arithmétique des intervalles et des méthodes ensemblistes pour déterminer les domaines d'incertitudes associés au comportement nominal défini par le modèle de synthèse. Elle doit permettre une analyse plus globale en prenant en compte toutes les incertitudes cumulées en même temps, et non séparément comme dans le chapitre 3.

La seconde approche présente un degré de maturité important au sein de la communauté et bénéficie d'outils performants d'analyse de la stabilité. En effet, un système LTI (Linear Time Invariant) peut être interprété comme un système LPV dont on a figé les paramètres, ou comme un système LTV (Linear Time Variant) dont on a figé le temps. Par ailleurs, ce dernier peut être vu comme un système LPV dont on aurait prédéfini une trajectoire. Contrairement à ce qu'indique son nom, la classe des systèmes LPV dépasse assez largement le cadre des systèmes classiques. A la condition de supposer que ses trajectoires sont bornées, un système non linéaire peut aussi être vu comme un système LPV. Ainsi, sous certaines conditions, le système LPV peut être scindé en deux parties en utilisant les Transformations Linéaires Fractionnaires (LFT). Le système résultant est un système interconnecté regroupant dans sa partie supérieure des termes liés aux paramètres variants et dans sa partie inférieure un système linéaire stationnaire. Le théorème du petit gain ou des techniques quadratiques à base de LMI peuvent alors être utilisées pour évaluer la stabilité du système et même son degré de stabilité au sens de sa norme H_∞.

Parallèlement à ces perspectives, d'autres sont envisagées dans un cadre plus général relevant de la ***théorie des systèmes*** où l'opérateur intégro-différentiel fractionnaire est considéré sous sa forme mathématique idéale, et non sous sa forme incertaine résultant de sa réalisation technologique. Ainsi, dans le cadre de ***la prise en compte des non-linéarités dans l'approche CRONE*** tel que défini dans l'ERT CRONE, le SDNE non linéaire de $1^{\text{ère}}$ espèce défini par une représentation différentielle (pseudo-représentation d'état) de la forme :

$$\begin{cases} \dfrac{d^n x(t)}{dt^n} = f(x(t), u(t)), \\ y(t) = h(x(t)) \end{cases}$$

sera étudié à l'aide d'une représentation par séries de Volterra, d'une part, et à l'aide d'une représentation par système LPV, d'autre part.

Bibliographie

[A.Z.Daou *et al.*, 2009.a]

R. Abi Zeid Daou, C. Francis and X. Moreau – Synthesis and realization of fractional operators using RLC devices in both electrical and bond graph approaches – Proceedings of IEEE Conference on Advances in Computational Tools for Engineering Applications, ACTEA 2009, Zouk Mosbeh, Liban, July 15-17, 2009.

[A.Z.Daou *et al.*, 2009.b]

R. Abi Zeid Daou, C. Francis and X. Moreau – Synthesis and implementation of non-integer integrators using RLC devices - International Journal of Electronics, ISSN: 00207217, Vol.96, Issue 12, pp.1207–1223, December 2009.

[A.Z.Daou *et al.*, 2009.c]

R. Abi Zeid Daou, C. Francis and X. Moreau – Robustness analysis of fractional controllers based on RLC cells – Proceedings of IEEE Conference on Advances in Computational Tools for Engineering Applications, ACTEA 2009, Zouk Mosbeh, Liban, July 15-17, 2009.

[A.Z.Daou *et al.*, 2009.d]

R. Abi Zeid Daou, C. Francis and X. Moreau – Behavior study and robustness analysis of fractional controllers implemented using RLC cells - Colloque International Francophone "Evaluation des Performances et Maîtrise des Risques Technologiques pour les Systèmes Industriels et Energétiques", Le Havre, France, 28 et 29 Mai 2009.

[A.Z.Daou *et al.*, 2010.a]

R. Abi Zeid Daou, C. Francis and X. Moreau – Free and forced modes responses of fractional operators based on non-identical RLC cells – International Journal of Adaptive and Innovative Systems (IJAIS), ISSN: 1740-2107, Vol.1, N°3/4, pp. 318-333, 2010.

[A.Z.Daou *et al.*, 2010.b]

R. Abi Zeid Daou, C. Francis and X. Moreau – Study of the inertial effect and the nonlinearities of the CRONE suspension based on the hydropneumatic technology – Nonlinear Dynamics, An International Journal of Nonlinear Dynamics and Chaos in Engineering Systems, ISSN 0924-090X, Vol.63, N°1-2, pp.1-17, 2010.

[A.Z.Daou *et al.*, 2010.c]
R. Abi Zeid Daou, C. Francis and X. Moreau - Study of the CRONE suspension RLC components' nonlinearities based on Volterra series. Part 1: background and theory - The 4th IFAC Workshop on Fractional Differentiation and its Applications, FDA10, Badajoz, Spain, October 18-20, 2010.

[A.Z.Daou *et al.*, 2010.d]
R. Abi Zeid Daou, X. Moreau and C. Francis - Study of the CRONE suspension RLC components' nonlinearities based on Volterra series. Part 2: simulation results - The 4th IFAC Workshop on Fractional Differentiation and its Applications, FDA10, Badajoz, Spain, October 18-20, 2010.

[A.Z.Daou *et al.*, 2010.e]
R. Abi Zeid Daou, X. Moreau, C. Francis, P. Serrier et A. Oustaloup - Etude à l'aide des séries de Volterra des non-linéarités des composants hydropneumatiques de la suspension CRONE - Partie 2 : Performances - 6ème IEEE Conférence Internationale Francophone d'Automatique, CIFA 2010 - Nancy, France, 2-4 Juin 2010.

[A.Z.Daou *et al.*, 2011.a]
R. Abi Zeid Daou, X. Moreau and C. Francis – Effect of hydropneumatic components nonlinearities on the CRONE suspension – Accepted for publication in IEEE Transactions on Vehicular Technology, ISSN: 0018-9545.

[A.Z.Daou *et al.*, 2011.b]
R. Abi Zeid Daou, X. Moreau and C. Francis – Regulation of a pump-tank-sensor system using two fractional-order controllers – Proposed paper in IEEE Transactions on Automatic Control, ISSN: 0018-9286, article soumis en Juillet 2011 enregistré sous le numéro FP-11-419.

[A.Z.Daou *et al.*, 2011.c]
R. Abi Zeid Daou, X. Moreau and C. Francis – Control of hydro-electromechanical system using the generalized PID and the CRONE controllers - 18th World Congress of the International Federation of Automatic Control (IFAC), Milano, Italy, August 18 – September 2, 2011.

[Adda, 1997]   Adda F.B. - Geometric interpretation of the fractional derivative – Journal of Fractional Calculus and Applied Analysis, Vol. 11, pp 21-52, 1997.

[Agrawal, 2004]   Agrawal O.M.P. – Application of Fractional Derivatives in Thermal Analysis of Disk Brakes – Journal of Nonlinear Dynamics, Vol. 38, pp. 191-206, 2004, Kluwer Academic Publishers.

[Aoun *et al.*, 2004] Aoun M., Malti R., Levron F. and Oustaloup A. – Numerical Simulations of Fractional Systems : An Overview of Existing Methods and Improvements – Journal of Nonlinear Dynamics, Vol. 38, pp. 117-131, 2004, Kluwer Academic Publishers.

[Bard, 2005]   Bard Delphine, Compensation des non-linéarités des systèmes haut-parleurs à pavillon, thèse de doctorat de l'Ecole Polytechnique Fédérale de Lausanne, 2005.

[Barrett, 1963]   Barrett J. F. - The use of functionals in the analysis of non-linear physical systems - Journal of Electronics Control, Vol. 15, p 567 - 615, 1963.

[Battaglia *et al.*, 2001] Battaglia J.L., Cois O., Puigsegur L. and Oustaloup A. – Solving an inverse heat conduction problem using a non-integer identified model – International Journal of Heat and Mass Transfer, Vol. 44, N°14, pp. 2671-2680, 2001.

[Benchellal *et al.*, 2005] Benchellal A., Bachir S., Poinot T. and Trigeassou J.C. – Identification of non-integer model of induction machines – Chapter in Fractional differentiation and its applications, U-Books Edition, pp. 471-482, 2005.

[Bennadji, 2006]   Bennadji A., Implémentation de modèles comportementaux d'amplificateurs de puissance dans des environnements de simulation système et co-simulation circuit systèmes. Thèse de l'Université de Limoges, 14 Avril 2006.

[Bird, 2007]   J. Bird, Electrical Circuit Theory and Technology, Newnes, 2007

[Bohannan, 2000]   Bohannan G. W., Application of Fractional Calculus to Polarization Dynamics in Solid ielectric Materials, Ph. D. Dissertation, Montana State University, Nov. 2000.

[Brown, 2006]   Brown Forbes T, *Engineering System Dynamics,* CRC Press, p. 43, 2006, ISBN 9780849396489

[Canat *et al.*, 2005] Canat S. and Faucher J. – Modeling, identification and simulation of induction machine with fractional derivative – Chapter in Fractional Differentiation and its Applications, U-Books Edition, pp. 459-470, 2005.

[Charef *et al.*, 2010] Charef A., Fergani N., $PI^\lambda D^\mu$ Controller Tuning For DesiredClosed-Loop Response Using Impulse Response, Workshop on Fractional Deviation and Applications, Badajoz, Spain, October 2010

[Cois, 2002]   Cois O. - Systèmes linéaires non entiers et identification par modèle non entier : application en thermique - Thèse de Doctorat de l'Université Bordeaux 1, 2002.

[Crum *et al.*, 1974]   Crum L. A. and Heinen J. A. - Simultaneous reduction and expansion of multidimensional Laplace transform kernels - SIAM Journal on Applied Mathematics - Vol. 26 - No 4 - p. 753 - 771, 1974.

[Dauphin-Tanguy, 2000]
                        Dauphin-Tanguy G., *Les bond-graphs*, Edition Hermès, Paris, 2000.

[Dorf *et al.*, 2010]   Dorf Richard, James Svoboda, Introduction to Electric Circuits, 8th edition, John Wiley and Sons, January 2010

[Doyle *et al.*, 2002]   Doyle F. J, Pearson R. K., Ogunnaike B. A. – Identification and Control using Volterra Models – Communications and Control Engineering series, Springer 2002.

[Dugowson, 1994]   Dugowson S. - Les différentielles métaphysiques : histoire et philosophie de la généralisation de l'ordre de dérivation - Thèse de Doctorat de l'Université Paris Nord, 1994.

[Fliess, 1981]   Fliess M. - Fonctionnelles causales non linéaires et indéterminées non commutatives - Bulletin de la Société Mathématique de France - Vol. 109, p. 3 - 40, 1981.

[Florez-Gonzalez, 2010] Florez-Gonzalez J. A., Limite de conception fonctionnelle et organique d'un amortisseur télescopique, Rapport de stage de projet de fin d'études de l'ESTACA, Septembre 2010.

[George, 1959]   George D. A. - Continuous non linear systems - Technical Report 355, Research Laboratory of Electronics, M. I. T. 1959.

[Hartley *et al.*, 2002]   Hartley T.T. and Lorenzo C.F. - Dynamics and Control of Initialized Fractional-Order Systems – Journal of Nonlinear Dynamics, Vol. 29, pp. 201-233, 2002, Kluwer Academic Publishers.

[Hartley *et al*, 2007]   Hartley T.T. and Lorenzo C.F. – Application of incomplete gamma functions to the initialization of fractional-order systems – Proceedings of the ASME 2007, DETC2007-35843, Las Vegas, Nevada, USA, September 4-7, 2007.

[Heck, 1996]   Heck A., *Introduction to Maple*, Springer-Verlag Telos Edition, 1996.

[Huelsman, 1972]   Huelsman Lawrence, Basic Circuit Theory with Digital Computations. Series in computer applications in electrical engineering, Englewood Cliffs: Prentice-Hall. ISBN 0-13-057430-9, 1972

[Khemane, 2011]   Khemane F., Estimation fréquentielle par modèle non entier et approche ensembliste – application à la modélisation de la dynamique du conducteur, Thèse de Doctorat de l'Université Bordeaux 1, 5 Juillet 2011.

[Krishna, 2011]   Krishna B.T., Studies on fractional order differentiators and integrators: a survey, Signal Processing, 91, pp. 386-426, 2011

[Kuhn *et al.*, 2005]   Kuhn E., Forgez C. and Friedrich G. – Fractional and diffusive representation of a 42 V Ni-mH battery – Chapter in Fractional differentiation and its applications, U-Books Edition, pp. 423-434, 2005.

[Kusiak *et al.*, 2005]   Kusiak A., Battaglia J.L. and Marchal R. – Heat flux estimation in CrN coated tool during MDF machining using non integer system identification technique – Chapter in Fractional differentiation and its applications, U-Books Edition, pp. 377-388, 2005.

[Lamnabhi-Lagarrigue, 1994]
    Lamnabhi-Lagarrigue F. - Analyse des systèmes non linéaires - Traité des nouvelles technologies, série Automatique, Hermès Paris 1994.

[Le Méhauté *et al.*, 1998]
Le Méhauté A., Nigmatullin R. et Nivanen L., *Flêche du temps et géométrie fractale*, Edition Hermès, Paris, 1998.

[Lin, 2001]
Lin J. - Modélisation et identification de systèmes d'ordre non entier - Thèse de Doctorat, Université de Poitiers, 2001.

[Lorenzo, 2007.a]
Lorenzo C.F. and Hartley T.T. – Initialization of fractional differential equations: background and theory – Proceedings of the ASME 2007, DETC2007-34810, Las Vegas, Nevada, USA, September 4-7, 2007.

[Lorenzo, 2007.b]
Lorenzo C.F. and Hartley T.T. – Initialization of fractional differential equations: theory and application – Proceedings of the ASME 2007, DETC2007-34814, Las Vegas, Nevada, USA, September 4-7, 2007.

[Lubbock *et al.*, 1969]
Lubbock J. K. and Bansal V. S. - Multidimensional Laplace transforms for solution of non linear equations - Proc I.E.E. - Vol. 116 - N° 12 - pp 2075 - 2082 - 1969.

[Matignon, 1996]
Matignon D., Fractional modal decomposition of a boundary-comtrollered-and-observed infinite-dimensional linear system, Saint Louis, Missouri, June 1996

[Matignon, 1998]
Matignon D., Generalized fractional differential and difference equations: stability properties and modeling issues, Mathematical theory and systems symposium, Padova, Italy, July 1998.

[Matignon *et al.*, 2005]
Matignon, D. and Prieur, C., Asymptotic stability of linear conservative systems when coupled with diffusive systems. ESAIM: Control, Optim. Cal. Var., vol. 11, pp.487-507, 2005

[Miller, 1993]
Miller K.S. and Ross B. – An Introduction to the Fractional Calculus and Fractional Differential Equations – Wiley, New York, 1993.

[Moreau, 1995]
Moreau X., La dérivation non entière en isolation vibratoire et son application dans le domaine de l'automobile. La suspension CRONE : du concept à la réalisation, Thèse de doctorat, 1995

[Moreau *et al.*, 2002]
Moreau X., Ramus-Serment C. and Oustaloup A. – Fractional Differentiation in Passive Vibration Control – Journal of Nonlinear Dynamics, Vol. 29, pp. 343-362, 2002, Kluwer Academic Publishers.

[Moreau *et al.*, 2004]
Moreau X., Altet O. and Oustaloup A. – The CRONE Suspension : Management of Comfort-Road Holding Dilemma – Journal of Nonlinear Dynamics, Vol. 38, pp. 461-484, 2004, Kluwer Academic Publishers.

[Moreau *et al.*, 2005]
Moreau X., Altet O. and Oustaloup A. – Fractional differentiation: an example of phenomenological interpretation – Chapter in Fractional differentiation and its applications, U-Books Edition, pp. 275-287, 2005.

[Moreau *et al*, 2008]   Moreau X., Serrier P., Malti M., Khemane F, Analysis of a fractional system composed of an I-element and a fractance, the 3rd IFAC workshop on Fractional Differntiation and its Applications, FDA'08, Ankara, Turquey, November 5-7, 2008

[Moreau *et al*., 2010.a]   X. Moreau, R. Abi Zeid Daou, C. Francis, P. Serrier et A. Oustaloup - Etude à l'aide des séries de Volterra des non-linéarités des composants hydropneumatiques de la suspension CRONE - Partie 1 : Modélisation - 6ème IEEE Conférence Internationale Francophone d'Automatique, CIFA 2010 - Nancy, France, 2-4 Juin 2010.

[Moreau *et al*., 2010.b]   X. Moreau, R. Abi Zeid Daou et C. Francis - Du PID généralisé à la commande CRONE : application à la commande d'un procédé électrohydromécanique - 6ème IEEE Conférence Internationale Francophone d'Automatique, CIFA 2010 - Nancy, France, 2-4 Juin 2010.

[Moreau *et al*., 2011.a]   X. Moreau, R. Abi Zeid Daou, C. Francis et A. Oustaloup – Etude des non-linéarités des composants hydropneumatiques de la suspension CRONE – Accepté pour publication dans le Journal Européen des Systèmes Automatisés, JESA, ISSN: *12696935.*

[Momani, 2004]   Momani S., Lyapunov stability solution of fractional integrodifferential equations, International Journal of Mathematics and Mathematical Sciences, 7, 2503-2507, 2004

[Moze *et al.,* 2005]   Moze M., Sabatier J., LMI tools for stability analysis of fractional systems, Proceedings of ASME 2005, IDET/CIE Conferences, Long-Beach, USA, September 1st, 2005

[Nigmatullin, 1992]   Nigmatullin R. – A fractional integral and its physical interpretation – Theoret. and Math. Phys., Vol. 90, N° 3, pp. 242-251, 1992.

[Oldham, 1974]   Oldham K.B. and Spanier J. – The Fractional Calculus – Academic Press, New York, 1974.

[Oustaloup, 1995]   Oustaloup A., *La dérivation non entière : théorie, synthèse et applications*, Edition Hermès, Paris, 1995.

[Podlubny *et al*., 2002]   Podlubny I., Petras I., Vinagre B.M., O'Leary P. and Dorcak L. – Analogue Realizations of Fractional-Order Controllers – Journal of Nonlinear Dynamics, Vol. 29, pp. 281-296, 2002, Kluwer Academic Publishers.

[Podlubny, 2005]   Podlubny I. – Geometric and physical interpretation of fractional integration and fractional differentiation – Chapter in Fractional differentiation and its applications, U-Books Edition, pp. 3-18, 2005.

[Poinot *et al*., 2004]   Poinot T. and Trigeassou J.C. – Identification of Fractional Systems Using an Output-Error Technique – Journal of Nonlinear Dynamics, Vol. 38, pp. 133-154, 2004, Kluwer Academic Publishers.

[Poinot *et al.*, 2005]   Poinot T., Trigeassou J.C. and Benchellal A. – Modelling and simulation of fractional systems – Chapter in Fractional differentiation and its applications, U-Books Edition, pp. 533-544, 2005.

[Ramus-Serment, 2001] Ramus-Serment C., Synthèse d'un isolateur vibratoire d'ordre non entier fondée sur une architecture arborescente d'éléments viscoélastiques quasi-identiques. Thèse de l'Université Bordeaux 1, 10 Juillet 2001.

[Ramus-Serment *et al.*, 2002]
Ramus-Serment C., Moreau X., Nouillant M., Oustaloup A. and Levron F. – Generalised approach on fractional response of fractal networks – Journal of Chaos, Solitons and Fractals, Vol. 14, pp. 479-488, 2002.

[Rugh, 1981]   Rugh W. J., "Nonlinear System Theory - the Volterra-Wiener Approach", Baltimore, MD: Johns Hopkins University Press, 1981.

[Sabatier et al., 2006] Sabatier J., Aoun M., Oustaloup A., Grégoire G., Ragotand F. and Roy P., Fractional system identification for lead acid battery sate charge estimation, Signal Processing 86 (10), pp. 2645–2657, 2006.

[Sabatier *et al.*, 2010] Sabatier J., Moze M., Farges C., LMI stability conditions for fractional order systems, Computer and Mathematics with Applications, Vol. 9, pp 1594-1609, 2010

[Samko, 1993]   Samko S.G., Kilbas A. A. and Marichev O.I. – Fractional Integrals and Derivatives: Theory and Applications – Gordon and Breach, Amsterdam, 1993.

[Schetzen, 1965.a]   Schetzen M. - Measurement of the kernels of a non-linear system of finite order - International Journal of Control, Vol. 1, No. 3, p. 251 - 263, 1965.

[Schetzen, 1965.b]   Schetzen M. - Synthesis of a class of non-linear systems - International Journal of Control, Vol. 1, No. 3, p. 401 - 414, 1965.

[Serrier *et al.*, 2006] Serrier P., Moreau X. et Oustaloup A. –Volterra series based analysis of components nonlinearities in a limited-bandwidth fractional differentiator achieved in hydropneumatic technology – Proceedings of 2nd IFAC Workshop on Fractional Differentiation and its Applications - FDA 06, Porto, Portugal, 2006.

[Serrier *et al.*, 2007] Serrier P., Moreau X. et Oustaloup A. – Limited-Bandwidth Fractional Differentiator: Synthesis and Application in Vibration Isolation – Chapter in Advances in Fractional Calculus, Springer Edition, pp. 287-302, 2007.

[Serrier, 2008]   Serrier P., Analyse de l'influence des non-linéarités dans l'approche CRONE : Application en isolation vibratoire. Thèse de l'Université Bordeaux 1, 30 Septembre 2008

[Trigeassou *et al.*, 1999]
Trigeassou J.-C., T. Poinot, J. Lin, Oustaloup A., Levron F. - Modeling and identification of a non integer order system - Proc ECC'99, European Control Conference, Karlsruhe, Germany, 1999.

[Trigeassou *et al.*, 2011]

Trigeassou J.C., Maamri N., Initial conditions and initialization of linear fractional differential equations, Signal processing, 91, 3, 2011

[Volterra, 1959]   Volterra V., "Theory of functionals and of integrals and integro-differential equations". New York. Dover. 1959

[Ward, 1970]   M.R. Ward, Electrical Engineering Science, McGraw-Hill, pp. 36-40, 1970

[Wiener, 1958]   Wiener N. - Nonlinear Problems in Random Theory - New York : Wiley 1958.

[Worden, 1998]   Worden K. Manson G. , Random vibrations of a duffing oscillator using the Volterra series, Journal of Sound and Vibration, vol. 217, n°4,   pp. 781-789, 1998.

Décomposition en série de Volterra : un outil d'analyse des non-linéarités

I.1 - Définition

Les séries de Volterra sont un outil mathématique permettant de décrire le comportement d'un système non linéaire. Elles ont été introduites par Volterra au cours des années 30 [Volterra, 1959]. Elles ont ensuite été utilisées par Wiener [Wiener, 1958] et Barret [Barret, 1963] pour l'étude et l'analyse des systèmes non linéaires. Worden *et al* [Worden, 1998] présentent les séries de Volterra comme une généralisation du produit de convolution, bien connu pour les systèmes linéaires,

$$y(t) = \int_{-\infty}^{+\infty} h(t - \tau)\, u(\tau) d\tau , \qquad (I.1)$$

où *u(t)* et *y(t)* désignent, respectivement, l'entrée et la sortie du système. Le système linéaire est caractérisé de façon unique par sa réponse impulsionnelle *h(t)*.

La généralisation de la relation (I.1) a été proposée par Volterra [Volterra, 1959] et prend la forme d'une série infinie :

$$y(t) = \sum_{k=1}^{\infty} y_k(t) = y_1(t) + y_2(t) + y_3(t) + \dots , \qquad (I.2)$$

où

$$y_k(t) = \int_{-\infty}^{+\infty} \dots \int_{-\infty}^{\infty} h_k(\tau_1, \dots, \tau_n) \prod_{i=1}^{k} u(t - \tau_i) d\tau_i , \qquad (I.3)$$

soit par exemple, pour le noyau d'ordre 3,

$$y_3(t) = \int_{-\infty}^{+\infty} \int_{-\infty}^{+\infty} \int_{-\infty}^{\infty} h_3(\tau_1, \tau_2, \tau_3) u(t - \tau_1) u(t - \tau_2) u(t - \tau_3) d\tau_1\, d\tau_2\, d\tau_3 . \qquad (I.4)$$

Ainsi, la réponse temporelle *y(t)* d'un système non linéaire peut s'exprimer en fonction de son entrée *u(t)* sous la forme

$$y(t) = \sum_{k=0}^{\infty} \int_{-\infty}^{\infty} \dots \int_{-\infty}^{\infty} h_k(\tau_1, \dots, \tau_k) \prod_{i=1}^{k} u(t - \tau_i) d\tau_i . \qquad (I.5)$$

Une définition rigoureuse est proposée dans [Lamnabhi-Lagarrigue, 1994]. Pour cela, on considère que le système non linéaire dont on cherche une représentation entrée-sortie est un système non linéaire analytique de la forme

$$\begin{cases} \dot{x}(t) = f(t, x(t)) + g(t, x(t))\, u(t) \\ y(t) = l(t, x(t)) \end{cases}, \tag{I.6}$$

avec $x(t) \in \mathbb{R}^n$, $u(t) \in \mathbb{R}$ et $x(0) = x_0$.

On considère par ailleurs que les fonctions $f(t, x(t))$, $g(t, x(t))$ et $l(t, x(t))$ sont analytiques et que $f(t, x) = \left[f^1(t, x), \cdots, f^n(t, x) \right]$ et $g(t, x) = \left[g^1(t, x), \cdots, g^n(t, x) \right]$.

Définition 1

Un système admet une représentation sous forme de séries de Volterra, s'il existe des fonctions $w_n : \mathbb{R}^{n+1} \to \mathbb{R}$, avec $n \in \mathbb{N}^*$, localement bornées, continues par morceaux, telles que quel que soit $T > 0$, il existe $\varepsilon(T) > 0$ tel que pour toute fonction continue par morceau $u(.)$ vérifiant $|u(t)| \le \varepsilon$ sur $[0, T]$, la série

$$y(t) = w_0(t) + \sum_{k=0}^{\infty} \int_{t_0}^{t} \cdots \int_{t_0}^{t} w_k(t, \sigma_1, \cdots, \sigma_k)\, u(\sigma_1) \cdots u(\sigma_k) d\sigma_1 \cdots d\sigma_k \tag{I.7}$$

converge absolument et uniformément sur $[0, T]$.

La fonction $w_k(t, \sigma_1, \cdots, \sigma_k)$ est alors appelée noyau de Volterra d'ordre k.

La relation (I.7) peut encore être simplifiée si le système (I.6) présente des propriétés particulières. En effet si :

- les conditions initiales du système sont nulles (ce qui peut toujours être obtenu par simple changement de variable sans modifier le caractère analytique du système), la fonction $w_0(t)$ est nulle ;

- chacune des fonctionnelles qui composent la série est réalisable, alors $w_k(t, \sigma_1, \cdots, \sigma_k) = 0 \ \forall \sigma_i > t, \ i \in [1, k]$;

- le système est stationnaire, les différentes fonctionnelles qui composent la série de Volterra le sont aussi et le noyau d'ordre k peut encore s'écrire sous la forme $w_k(t, \sigma_1, \cdots, \sigma_k) = h_n(t - \sigma_1, \cdots, t - \sigma_k) = h_n(\tau_1, \cdots, \tau_k)$.

Ainsi, dans le cas d'un système stationnaire, causal ($u(t) = 0, \ \forall \ t < t_0$), réalisable et pour des conditions initiales nulles, la relation (I.7) devient

$$y(t) = \sum_{k=0}^{\infty} \int_{-\infty}^{\infty} \cdots \int_{-\infty}^{\infty} h_k(\tau_1, \cdots, \tau_k) \prod_{i=1}^{k} u(t - \tau_i) d\tau_i . \tag{I.8}$$

Les fonctions $h_k(t_1, \cdots, t_k)$ correspondent, par analogie au cas linéaire à une généralisation de la notion de réponse impulsionnelle. Le premier terme de la série correspond en effet à un produit de convolution, la fonction $h_1(t)$ peut donc être interprétée comme la réponse impulsionnelle de la partie linéaire du système. Les autres termes de la relation (I.8) sont une généralisation du produit de convolution et les fonctions $h_k(t_1, \cdots, t_k)$ sont désignées réponses impulsionnelles d'ordre k (réponses des parties quadratiques, cubiques, ...).

Il est possible de montrer que les noyaux de Volterra sont multilinéaires et symétriques [Rugh, 1981] c'est-à-dire

$$h_k(\alpha e_1, \cdots, \alpha e_k) = \alpha^k h_k(e_{i_1}, \cdots, e_{i_k}) \tag{I.9}$$

et

$$h_k(e_1, \cdots, e_k) = h_k(e_{i_1}, \cdots, e_{i_k}), \tag{I.10}$$

où $\{i_1, i_2, ..., i_k\}$ sont les permutations de $\{1, 2, ..., k\}$.

Un système non linéaire peut alors être représenté comme un ensemble de "boîtes noires" mises en parallèle, chacune étant responsable d'un ordre de non-linéarité. La réponse correspondant aux différents ordres de non-linéarités peut ainsi être détaillée individuellement.

Remarque sur la stabilité

La stabilité stricte d'un système linéaire nécessite que l'intégrale du module de la réponse impulsionnelle de celui-ci soit finie et que sa fonction de transfert ne comporte de pôles ni dans le demi-plan complexe à partie réelle positive, ni sur l'axe imaginaire. Les noyaux temporels et fréquentiels d'un système non linéaire décrit par une série de Volterra devront vérifier ces deux propriétés. Ils représentent une généralisation des fonctions de transfert d'ordre 1 aux ordres plus élevés.

I.2 - Approche fréquentielle

Les formules de transformation de Laplace et de Fourier monovariables peuvent être généralisées aux fonctions multivariables [Lubbock *et al.*, 1969]. Comme dans le cas linéaire, il est donc possible de donner une représentation des réponses impulsionnelles d'ordre k (noyaux de Volterra d'ordre k) dans le domaine opérationnel et également de définir leur transformée de Fourier généralisée.

Définition 2

La transformée de Laplace de la réponse impulsionnelle d'ordre k (noyaux de Volterra d'ordre k) est définie par [Crum *et al.*, 1974] :

$$H_k(s_1,\cdots,s_k) = \int_0^\infty \cdots \int_0^\infty h_k(\tau_1,\cdots,\tau_k)\, e^{-s_1\tau_1-\cdots-s_k\tau_k}\, d\tau_1 \cdots d\tau_k, \qquad (I.11)$$

avec $s_i = \rho_i + j\delta_i$, et où

$$h_k(\tau_1,\cdots,\tau_k) = \frac{1}{(2\pi j)^k} \int_{\rho_1-j\infty}^{\rho_1+j\infty} \cdots \int_{\rho_k-j\infty}^{\rho_k+j\infty} H_k(s_1,\cdots,s_k)\, e^{s_1\tau_1+\cdots+s_k\tau_k}\, ds_1 \cdots ds_k. \qquad (I.12)$$

Définition 3

La transformée de Fourier de la réponse impulsionnelle d'ordre k (noyaux de Volterra d'ordre k) est définie par :

$$H_k(j\omega_1,\cdots,j\omega_k) = \int_0^\infty \cdots \int_0^\infty h_k(\tau_1,\cdots,\tau_k)\, e^{-j\omega_1\tau_1-\cdots-j\omega_k\tau_k}\, d\tau_1 \cdots d\tau_k, \qquad (I.13)$$

avec

$$h_k(\tau_1,\cdots,\tau_k) = \frac{1}{(2\pi)^k} \int_{-\infty}^{+\infty} \cdots \int_{-\infty}^{+\infty} H_k(j\omega_1,\cdots,j\omega_k)\, e^{j\omega_1\tau_1+\cdots+j\omega_k\tau_k}\, d\omega_1 \cdots d\omega_k. \qquad (I.14)$$

Comme dans le cas linéaire, la transformée de Laplace multivariable s'avère être un outil particulièrement pratique pour l'étude de systèmes non linéaires.

Théorème 1 - Théorème de convolution

La transformée de Laplace de l'intégrale de convolution :

$$I = \int_{-\infty}^{+\infty} \cdots \int_{-\infty}^{+\infty} h_k(\tau_1,\cdots,\tau_k)\, g_k(t_1-\tau_1,\cdots,t_k-\tau_k)\, d\tau_1 \cdots d\tau_k, \qquad (I.15)$$

est égale au produit :

$$P = H_k(s_1,...,s_n)\, G_k(s_1,...,s_n). \qquad (I.16)$$

La transformée de Laplace multivariable permet également d'étendre le théorème de la valeur initiale et le théorème de la valeur finale aux systèmes non linéaires.

La fonction $H_1(s_1)$ est une fonction de transfert classique qui correspond à la partie linéaire du système. C'est également la fonction de transfert du système linéarisé. Elle peut être représentée aisément sous forme de diagrammes de Bode.

La fonction $H_2(s_1, s_2)$ peut également être représentée dans le plan de Bode. Cependant ses diagrammes de gain et de phase sont alors des surfaces. Pour les ordres plus élevés, la représentation graphique perd de son intérêt.

La transformée de Laplace $Y(s)$ d'un système non linéaire soumis à une entrée $U(s)$ s'exprime

$$Y(s) = Y_1(s) + Y_2(s_1, s_2) + Y_3(s_1, s_2, s_3) + \dots \qquad (I.17)$$

où les composantes Y_i de la réponse dans le domaine opérationnel sont de la forme

$$Y_1(s) = H_1(s)\,U(s)$$
$$Y_2(s_1, s_2) = H_2(s_1, s_2)\,U(s_1)\,U(s_2)$$
$$Y_3(s_1, s_2, s_3) = H_3(s_1, s_2, s_3)\,U(s_1)\,U(s_2)\,U(s_3) \qquad (I.18)$$
$$\vdots$$
$$Y_n(s_1, s_2, \dots, s_n) = H_n(s_1, s_2, \dots, s_n)\,U(s_1)\,U(s_2)\dots U(s_n),$$

où $H_i(s_1, \dots, s_i)$ est la transformée de Laplace du noyau de Volterra d'ordre i et où $U(s)$ est la transformée de Laplace de l'entrée.

Il est possible de représenter la décomposition d'un système non linéaire par une mise en cascade des différents noyaux fréquentiels, le noyau d'ordre 1 représentant la partie linéaire et les noyaux d'ordre 2 à n représentant les non-linéarités du système, comme illustré à la figure I.1.

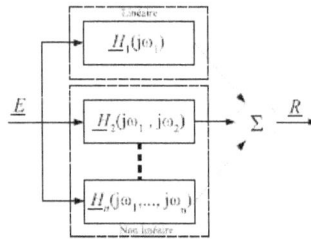

Figure I.1 - *Système non linéaire décomposé à partir de noyaux de Volterra*

I.3 - Détermination des noyaux de Volterra d'un système non linéaire

La difficulté principale liée à l'utilisation des séries de Volterra est la détermination des noyaux. Ceux-ci peuvent être déterminés soit analytiquement, soit expérimentalement par identification, soit directement dans l'espace temporel, soit à partir de leur expression dans l'espace opérationnel.

I.3.1 - Détermination analytique des noyaux de Volterra dans le domaine temporel

La première solution pour déterminer les noyaux de Volterra d'un système consiste à décomposer en série de Taylor les caractéristiques des parties non linéaires d'un système, puis, par des manipulations analytiques, à faire apparaitre des produits de convolution dans la relation entrée-sortie du système. Les expressions des noyaux de Volterra sont obtenues par identifications terme à terme.

Cette méthode est peu utilisée car elle nécessite une bonne connaissance du système et une articulation relativement simple entre les différents sous-systèmes. Pour cette raison, cette méthode n'est indiquée ici que pour mémoire. Le lecteur intéressé pourra en trouver une illustration dans [Bard, 2005].

I.3.2 - Détermination analytique des noyaux de Volterra dans le domaine fréquentiel

I.3.2.1 - « harmonic probing method » ou « growing exponential method »

Une méthode classique de détermination des noyaux, dite " harmonic probing method " peut être utilisée [Rugh, 1981]. Elle consiste à considérer en entrée du système une entrée particulière $u(t)$ de type somme d'exponentielles complexes:

$$u(t) = \sum_{r=1}^{n_t} e^{j\omega_r t} . \qquad (I.19)$$

Dans ce cas, si le système est décomposable en série de Volterra, la réponse temporelle $y(t)$ du système s'exprime, d'après la relations (I.8),

$$y(t) = \sum_{k=0}^{\infty} \int_{-\infty}^{\infty} \cdots \int_{-\infty}^{\infty} h_k(\tau_1, \cdots, \tau_k) \prod_{i=1}^{k} \left(\sum_{r=1}^{n_t} e^{j\omega_r(t-\tau_i)} \right) d\tau_i . \qquad (I.20)$$

Cela peut également s'écrire sous la forme :

$$y(t) = \sum_{k=0}^{\infty} y_k(t), \qquad (I.21)$$

où

$$y_k(t) = \int_{-\infty}^{+\infty} \cdots \int_{-\infty}^{\infty} h_k(\tau_1, \ldots, \tau_n) \prod_{i=1}^{k} \left(\sum_{r=1}^{n_t} e^{j\omega_r(t-\tau_i)} \right) d\tau_i . \qquad (I.22)$$

Il est donc possible d'exprimer les réponses impulsionnelles $y_k(t)$ de chaque noyau d'ordre k en fonction de la transformée de Laplace du noyau d'ordre k. Cette expression devient d'ailleurs simple lorsque $n_t = k$. En effet, pour le noyau d'ordre 1, d'après la relation (I.11) :

$$H_1(s_1) = \int_{-\infty}^{\infty} h_1(\tau_1) e^{-s_1 \tau_1} d\tau_1, \qquad (I.23)$$

or, si $n_t = 1$, la relation (I.22) devient pour $k = 1$:

$$y_1(t) = \int_{-\infty}^{+\infty} h_1(\tau) e^{j\omega_1(t-\tau)} d\tau = H_1(j\omega_1) e^{j\omega_1 t}, \qquad (I.24)$$

ce qui conduit de façon évidente à :

$$y_1(t) = H_1(j\omega_1)e^{j\omega_1 t} . \tag{I.25}$$

De même pour le noyau d'ordre 2, si n_t=2, c'est-à-dire si :

$$u(t) = e^{j\omega_1 t} + e^{j\omega_2 t} , \tag{I.26}$$

alors, la formule (I.22) donne

$$y_2(t) = \int\limits_{-\infty}^{+\infty}\int\limits^{+\infty} h_2(\tau_1,\tau_2)\left(e^{j\omega_1(t-\tau_1)} + e^{j\omega_2(t-\tau_1)}\right)\left(e^{j\omega_1(t-\tau_2)} + e^{j\omega_2(t-\tau_2)}\right)d\tau_1 d\tau_2 , \tag{I.27}$$

ce qui se développe en :

$$y_2(t) = \int\limits_{-\infty}^{+\infty}\int\limits^{+\infty} h_2(\tau_1,\tau_2)(e^{j\omega_1(t-\tau_1)+j\omega_1(t-\tau_2)} + e^{j\omega_1(t-\tau_1)+j\omega_2(t-\tau_2)}$$
$$+ e^{j\omega_2(t-\tau_1)+j\omega_1(t-\tau_2)} + e^{j\omega_2(t-\tau_1)+j\omega_2(t-\tau_2)})d\tau_1 d\tau_2 \tag{I.28}$$

En remarquant que, d'après la relation (I.11) :

$$H_2(s_1,s_2) = \int\limits_0^\infty\int\limits_0^\infty h_2(\tau_1,\tau_2)e^{-s_1\tau_1-s_2\tau_2}d\tau_1 d\tau_2 , \tag{I.29}$$

$$H_2(s_1,s_1) = \int\limits_0^\infty\int\limits_0^\infty h_2(\tau_1,\tau_2)e^{-s_1\tau_1-s_1\tau_2}d\tau_1 d\tau_2 \tag{I.30}$$

et

$$H_2(s_2,s_2) = \int\limits_0^\infty\int\limits_0^\infty h_2(\tau_1,\tau_2)e^{-s_2\tau_1-s_2\tau_2}d\tau_1 d\tau_2 , \tag{I.31}$$

la relation (I.28) peut s'exprimer sous la forme :

$$y_2(t) = H_2(j\omega_1,j\omega_1)e^{j\omega_1 t}e^{j\omega_1 t} + 2H_2(j\omega_1,j\omega_2)e^{j\omega_1 t}e^{j\omega_2 t} + H_2(j\omega_2,j\omega_2)e^{j\omega_2 t}e^{j\omega_2 t} . \tag{I.32}$$

Ces résultats, démontrés pour les ordres k=1 et k=2, sont généralisables à toutes les réponses impulsionnelles des noyaux d'ordre k>0 :

$$y_k(t) = \sum_{\substack{\text{Toutes les combinaisons} \\ \text{des } R \text{ fréquences prises} \\ \text{par groupe de } k}} \sum_{\substack{\text{Toutes les permutations} \\ \text{de } \omega_{r1},...,\omega_{rk}}} H_k(j\omega_{r1},...,j\omega_m)\prod_{i=1}^{k} e^{j\omega_{ri}t} . \tag{I.33}$$

Lorsque n_t=k, ce résultat se simplifie :

$$y_k(t) = \sum_{\substack{\text{Toutes les permutations} \\ \text{de } \omega_{r1},...,\omega_{rk}}} H_k(j\omega_{r1},...,j\omega_m)\prod_{i=1}^{k} e^{j\omega_{ri}t} . \tag{I.34}$$

Ainsi, lorsque l'entrée $u(t)$ du système non linéaire peut s'exprimer comme une somme d'exponentielles complexes, la réponse temporelle $y(t)$ peut s'exprimer en fonction des transformées de Laplace des noyaux de Volterra du système.

Afin de déterminer ces noyaux, il suffit alors de remplacer la sortie et l'entrée du système par leurs expressions dans l'équation différentielle régissant le comportement du système et d'identifier terme à terme les composants de l'équation.

Cette méthode de détermination est assez efficace mais nécessite que les phénomènes non linéaires puissent être correctement approximés par des polynômes.

Illustration 1

A titre d'exemple d'illustration, considérons le support d'étude présenté au chapitre 4. Le réseau hydropneumatique le plus simple qui peut être utilisé avec ce support est constitué d'une cellule RC avec une résistance hydraulique possédant une caractéristique linéaire. Ce réseau est représenté figure I.2 [A.Z.Daou et al., 2010.e] [Moreau et al., 2010].

$$R$$

$$q_e(t)$$

Figure I.2 - *Réseau hydropneumatique de base pour l'exemple d'illustration 1*

Soit R la résistance hydraulique de cette cellule de base et P_0 et V_0 les pressions de gonflage et le volume de la sphère hydropneumatique. Les équations (4.1) à (4.4) régissant le comportement du support d'étude restent valables. Le débit entrant dans le réseau et la pression dans le vérin de suspension sont liés par la relation :

$$P_e(t) = R q_e(t) + \frac{P_s}{\left(1 - \frac{P_s}{P_0 V_0} \int_0^t q_e(\tau) d\tau\right)^\gamma}, \qquad (I.35)$$

le paramètre thermodynamique γ pouvant être assimilé à 1.

Le schéma fonctionnel associé à la boucle interne du support d'étude peut alors se mettre sous la forme présentée figure I.3.

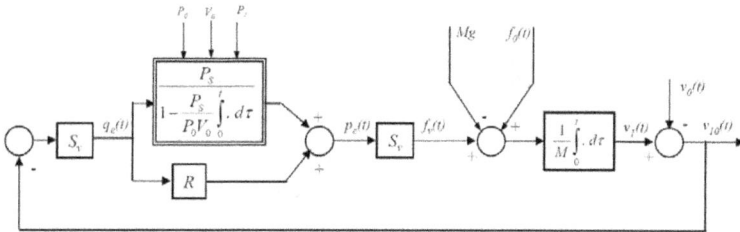

Figure I.3 - *Schéma fonctionnel du support d'étude avec réseau de base*

Afin de déterminer les noyaux de Volterra de la suspension hydropneumatique, il est nécessaire de décomposer en série de Taylor la caractéristique pression-débit de l'accumulateur hydraulique, soit

$$p_a(t) = P_S + \frac{P_S^2}{P_0 V_0}\int_0^t q_e(\tau)d\tau + \frac{P_S^3}{(P_0 V_0)^2}\left(\int_0^t q_e(\tau)d\tau\right)^2 + \frac{P_S^4}{(P_0 V_0)^3}\left(\int_0^t q_e(\tau)d\tau\right)^3 + \dots, \quad (I.36)$$

avec $p_a(t)$ la pression dans l'accumulateur, ce qui conduit à un polynôme du type :

$$p_a(t) \approx P_S + c_{s1}\int_0^t q_e(\tau)d\tau + c_{s2}\left(\int_0^t q_e(\tau)d\tau\right)^2 + c_{s3}\left(\int_0^t q_e(\tau)d\tau\right)^3. \quad (I.37)$$

Une simulation permet de montrer qu'une troncature à l'ordre 3 de la décomposition en série de Taylor est tout à fait satisfaisante.

Pour appliquer la méthode décrite ci-dessus, supposons que le débit d'entrée dans la cellule $q_e(t)$ est de la forme :

$$q_e(t) = \sum_{r=1}^{n_r} e^{j\omega_r t}. \quad (I.38)$$

Pour déterminer le noyau d'ordre 1, posons :

$$q_e(t) = e^{j\omega_1 t}. \quad (I.39)$$

Dans ce cas, la pression dans l'accumulateur s'exprime, selon l'équation (I.25) ;

$$p_a(t) = H_1^a(j\omega_1)e^{j\omega_1 t}, \quad (I.40)$$

où le noyau de Volterra d'ordre i de l'accumulateur est noté H_i^a. Or, la pression dans l'accumulateur vérifie la relation (I.37), d'où

$$H_1^a(j\omega_1)e^{j\omega_1 t} = P_S + c_{s1}\frac{e^{j\omega_1 t}}{j\omega_1 t} + c_{s2}\frac{e^{2j\omega_1 t}}{(j\omega_1 t)^2} + c_{s3}\frac{e^{3j\omega_1 t}}{(j\omega_1 t)^3}. \quad (I.41)$$

Par identification des termes en $e^{j\omega_1 t}$, on en déduit

$$H_1^a(j\omega_1) = \frac{c_{s1}}{j\omega_1}. \quad (I.42)$$

Pour déterminer le noyau d'ordre 2, on considère

$$q_e(t) = e^{j\omega_1 t} + e^{j\omega_2 t} \quad (I.43)$$

Dans ce cas, la pression dans l'accumulateur s'exprime, selon l'équation (I.32) ;

$$p_a(t) = H_1^a(j\omega_1)e^{j\omega_1 t} + H_1^a(j\omega_2)e^{j\omega_2 t} + H_2^a(j\omega_1, j\omega_1)e^{2j\omega_1 t}$$
$$+ H_2^a(j\omega_2, j\omega_2)e^{2j\omega_2 t} + 2H_2^a(j\omega_1, j\omega_2)e^{j(\omega_1 + \omega_2)t} \quad (I.44)$$

En remplaçant ces expressions de q_e et p_a dans l'équation (I.36) puis par identification, on obtient :

$$H_2^a(j\omega_1, j\omega_2) = \frac{c_{s2}}{j\omega_1 \, j\omega_2}. \quad (I.45)$$

Le noyau d'ordre 3, obtenu par la même méthode, est donnée par

$$H_3^a\left(j\omega_1, j\omega_2, j\omega_3\right) = \frac{c_{s3}}{j\omega_1\ j\omega_2\ j\omega_3}.$$ (I.46)

Les noyaux d'ordre supérieur sont nuls. La figure I.4 présente la réalisation d'un modèle d'accumulateur hydraulique par décomposition en série de Volterra.

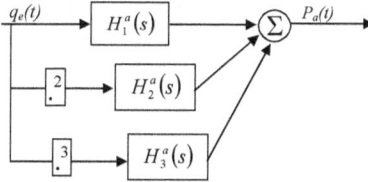

Figure I.4 - *Réalisation d'un modèle d'accumulateur hydraulique par décomposition en série de Volterra*

Illustration 2 : détermination des noyaux de Volterra du support d'étude complet

Pour déterminer les noyaux de Volterra du système constitué par le support d'étude complet, la première solution consiste à écrire l'équation différentielle régissant le comportement du support d'étude. Dans le cas simple étudié ici où la suspension est constituée d'une seule cellule RC, l'équation différentielle liant la vitesse $v_0(t)$ du support et la vitesse $v_1(t)$ de la masse suspendue est

$$v_1(t) = \frac{1}{M}\int_0^t\left\{-Mg + S_v\left[RS_v\left(v_0(\tau) - v_1(\tau)\right) + P_s + \sum_{i=1}^3 c_{si} S_v^i\left(\int_0^\theta v_0(\theta) - v_1(\theta)d\theta\right)^i\right]\right\}d\tau.$$ (I.47)

En remplaçant dans cette expression, l'entrée par une somme d'exponentielles complexes et la sortie par sa décomposition de Volterra, on obtient (cette procédure est informatisable avec un logiciel de calcul formel) :

$$H_1^{se}(s) = \frac{S_v^2\left(Rs_1 + c_{s1}\right)}{Ms_1^2 + S_v^2 Rs_1 + S_v^2 c_{s1}}$$ (I.48)

et $$H_2^{se}(s_1, s_2) = \frac{S_v^3\left(1 - H_1^{se}(s_1) - H_1^{se}(s_2) + H_1^{se}(s_1)H_1^{se}(s_2)\right)\left(s_1 + s_2\right)}{(s_1 s_2)\left(M(s_1 + s_2)^2 + S_v^2 R(s_1 + s_2) + S_v^2 c_{s1}\right)},$$ (I.49)

soit,

$$H_2^{se}(p_1, p_2) = \frac{S_v^3 c_{s2} s_2 s_1 (s_1 + s_2)M^2}{\left(M(s_1 + s_2)^2 + S_v^2 R(s_1 + s_2) + S_v^2 c_{s1}\right)\left(Ms_1^2 + S_v^2 Rs_1 + S_v^2 c_{s1}\right)\left(Ms_2^2 + S_v^2 Rs_2 + S_v^2 c_{s1}\right)}$$

(I.50)

ou, en fonction du noyau d'ordre 1

$$H_2^{se}(s_1, s_2) = M^2 S_v{}^3 c_{s2} \frac{H_1^{se}(s_1)s_1}{(Rs_1 + c_{s1})} \frac{H_1^{se}(s_2)s_2}{(Rs_2 + c_{s1})} \frac{H_1^{se}(s_1 + s_2)(s_1 + s_2)}{R(s_1 + s_2) + c_{s1}}, \qquad (I.51)$$

où les noyaux de Volterra d'ordre i du support d'étude complet sont notés $H_i^{se}(s)$.

Les limites de cette méthode apparaissent rapidement : l'expression du noyau d'ordre 3 est très compliquée et il est très difficile d'obtenir les noyaux d'ordre supérieurs à 3 en raison d'un temps de calcul important.

I.3.2.2 - Algèbre de George

Une autre méthode permettant de déterminer les noyaux de Volterra d'un système consiste à utiliser l'algèbre de George [George, 1959]. Cet algèbre permet de déterminer les noyaux de Volterra d'un système non linéaire constitué de sous-systèmes qui admettent eux même une représentation par une série de Volterra. Seules les grandes propriétés et les principes généraux seront présentés ici. Dans le cadre d'une définition de cet algèbre, la notation opérationnelle $\underline{H}[.]$ sera substituée à la fonctionnelle donnée par la relation (4.40), soit :

$$y(t) = \underline{H}[u(t)], \qquad (I.52)$$

ou bien, sous forme implicite (vis-à-vis de la variable temporelle) :

$$\mathbf{y} = \underline{H}[\mathbf{u}]. \qquad (I.53)$$

La relation (I.53) étant une somme de fonctionnelles, il est également possible d'utiliser la notation :

$$y = \underline{H}[u] = \sum_{k=1}^{\infty} y_k = \sum_{k=1}^{\infty} \underline{H}_k[u], \qquad (I.54)$$

où $y = \underline{H}_k[u]$ désigne la fonctionnelle :

$$y_k(t) = \int_{-\infty}^{\infty} \cdots \int_{-\infty}^{\infty} h_k(\tau_1, \cdots, \tau_k) \prod_{i=1}^{k} u(\sigma_i) d\sigma_i . \qquad (I.55)$$

Cet algèbre est muni de 3 opérations :
- l'addition notée '+ ' (voir figure I.5.a) ;
- la multiplication notée '•' (voir figure I.5.b) ;
- la mise en cascade notée '*' (voir figure I.5.c).

Il possède également un élément neutre, noté $\underline{I}$, et un élément nul, noté $\underline{0}$, qui vérifient les relations :

$$\underline{I} * \underline{H} = \underline{H} * \underline{I} = \underline{H} \qquad (I.56)$$

et

$$\underline{0} + \underline{H} = \underline{H} + \underline{0} = \underline{H} . \qquad (I.57)$$

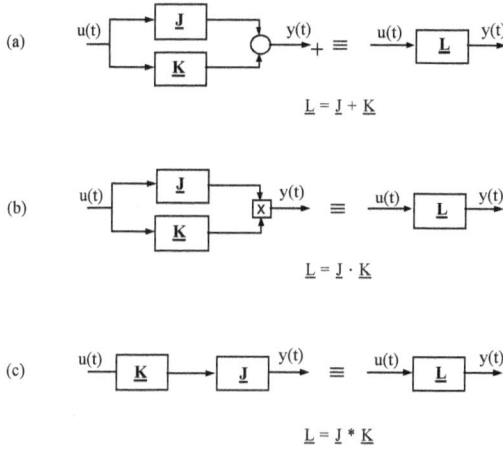

Figure I.5 - *Opérations élémentaires de l'algèbre de George*

Dix règles opératoires sont associées à cet algèbre.

Règle 1 : Commutativité par rapport à la loi +

$$\underline{J} + \underline{K} = \underline{K} + \underline{J} \tag{I.58}$$

Règle 2 : Associativité par rapport à la loi +

$$\underline{J} + (\underline{K} + \underline{L}) = (\underline{J} + \underline{K}) + \underline{L} \tag{I.59}$$

Règle 3 : Commutativité par rapport à la loi •

$$\underline{J} \bullet \underline{K} = \underline{K} \bullet \underline{J} \tag{I.60}$$

Règle 4 : Associativité par rapport à la loi •

$$\underline{J} \bullet (\underline{K} \bullet \underline{L}) = (\underline{J} \bullet \underline{K}) \bullet \underline{L} \tag{I.61}$$

Règle 5 : Associativité par rapport à la loi *

$$\underline{J} * (\underline{K} * \underline{L}) = (\underline{J} * \underline{K}) * \underline{L} \tag{I.62}$$

Règle 6 : Distributivité à droite de la loi + par rapport à la loi *

$$(\underline{J} + \underline{K}) * \underline{L} = (\underline{J} * \underline{L}) + (\underline{K} * \underline{L}) \tag{I.63}$$

Règle 7 : Distributivité à droite de la loi • par rapport à la loi *

$$(\underline{J} \bullet \underline{K}) * \underline{L} = (\underline{J} * \underline{L}) \bullet (\underline{K} * \underline{L}) \tag{I.64}$$

Règle 8 : Non commutativité de la loi *

$$\underline{J} * \underline{K} \neq \underline{K} * \underline{J} \tag{I.65}$$

Règle 9 : Non distributivité des lois + et • par rapport à la loi *

$$\underline{L} * (\underline{J} + \underline{K}) \neq (\underline{L} * \underline{J}) + (\underline{L} * \underline{K}) \tag{I.66}$$

$$\underline{L} * (\underline{J} \bullet \underline{K}) \neq (\underline{L} * \underline{J}) \bullet (\underline{L} * \underline{K}) \tag{I.67}$$

Règle 10 : Loi de composition o

On introduit la loi de composition **o** définie de la façon suivante :

$$\underline{A}_s * (\underline{B}_n + \underline{C}_m + \cdots + \underline{P}_p) = \underline{A}_s \circ (\underline{B}_n + \underline{C}_m + \cdots + \underline{P}_p)^s, \tag{I.68}$$

une telle loi étant distributive par rapport à la loi +.

Concernant l'ordre du système résultant de l'addition, de la multiplication ou de la mise en cascade de deux systèmes, il est défini de la façon suivante :
- le système $\underline{L} = \underline{A}_n + \underline{B}_m$ est d'ordre max(n, m) ;
- le système $\underline{L} = \underline{A}_n \bullet \underline{B}_m$ est d'ordre $m + n$;
- le système $\underline{L} = \underline{A}_n * \underline{B}_m$ est d'ordre nm ;
- le système $\underline{L} = \underline{A}_s * (\underline{B}_n + \underline{C}_m + ... + \underline{P}_r)$ est d'ordre $n + m + ...r$.

Grâce à l'algèbre de George, il est possible de déduire la réponse impulsionnelle ou la transformée de Fourier d'un système résultant de l'association de plusieurs systèmes non linéaires. On démontre en effet que :
- pour un terme de la forme $\underline{L}_n = \underline{K}_n + \underline{J}_n$, la réponse impulsionnelle et la transformée de Fourier correspondante sont données par les relations

$$l_n(t_1, \cdots, t_n) = h_n(t_1, \cdots, t_n) + k_n(t_1, \cdots, t_n) \tag{I.69}$$

et
$$L_n(s_1, \cdots, s_n) = H_n(s_1, \cdots, s_n) + K_n(s_1, \cdots, s_n) ; \tag{I.70}$$

- pour un terme de la forme $\underline{L}_{n+m} = \underline{K}_n \underline{J}_m$, la réponse impulsionnelle et la transformée de Fourier correspondante sont données par

$$l_{n+m}(t_1, \cdots, t_{n+m}) = h_n(t_1, \cdots, t_n) k_m(t_{n+1}, \cdots, t_{n+m}) \tag{I.71}$$

et
$$L_{n+m}(s_1, \cdots, s_{n+m}) = H_n(s_1, \cdots, s_n) K_m(s_{n+1}, \cdots, s_{n+m}) ; \tag{I.72}$$

- pour un terme de la forme $\underline{L}_{n+m+\cdots+r} = \underline{A}_s \circ (\underline{B}_n \underline{C}_m \cdots \underline{P}_r)$, la réponse impulsionnelle et la transformée de Fourier correspondante sont données par

$$l_{n+m+...+r}(t_1,\cdots,t_{n+m+...+r}) = \int_0^{t_s}\cdots\int_0^{t_1} a_s(\tau_1,...,\tau_s)b_n(t_1-\tau_1,...,t_n-\tau_1)c_m(t_{n+1}-\tau_2,...,t_{n+m}-\tau_2)..$$

$$p_r(t_{n+m+...+1}-\tau_s,...,t_{n+m+...+r}-\tau_s)d\tau_1\,d\tau_2..d\tau_s$$

(I.73)

et

$$L_{n+m+...+r}(s_1,\cdots,s_{n+m+...+r}) = A_s(s_1+...+s_n,s_{n+1}+...+s_{n+m},...,s_{n+m+...+1}+...+s_{n+m+...+r})...$$

$$\underline{B}_n(s_1,...s_n)\underline{C}_m(s_{n+1},...s_{n+m})..\underline{P}_r(s_{n+m+...+1},...,s_{n+m+...+r})$$

(I.74)

L'algèbre de George est un outil intéressant, il nécessite toutefois de disposer d'une représentation par une série de Volterra des sous-systèmes composant le système non linéaire à étudier. Pour obtenir ces représentations généralement plus simples, la méthode de l'harmonic probing peut être avantageusement utilisée.

Un exemple d'utilisation conjointe de la méthode de l'harmonic probing et de l'algèbre de George pour la détermination des noyaux de Volterra d'une suspension automobile est donné dans [Serrier, 2006].

Illustration 3

Reprenons l'exemple du paragraphe précédent, c'est-à-dire le support d'étude équipé d'un réseau hydropneumatique réduit à une cellule RC.

Les noyaux de Volterra correspondant à l'accumulateur étant connus, il est possible, grâce à l'algèbre de George de déterminer les noyaux de Volterra du support d'étude complet.

La résistance hydraulique et l'accumulateur étant en parallèle dans le schéma fonctionnel, les noyaux de Volterra H_l^s de la suspension s'expriment, conformément à la loi + de l'algèbre de George :

$$H_1^s(j\omega_1) = \frac{c_{s1}}{j\omega_1} + R,$$

(I.75)

$$H_2^s(j\omega_1, j\omega_2) = \frac{c_{s2}}{j\omega_1\,j\omega_2}$$

(I.76)

et

$$H_3^s(j\omega_1, j\omega_2, j\omega_3) = \frac{c_{s3}}{j\omega_1\,j\omega_2\,j\omega_3}.$$

(I.77)

Le schéma fonctionnel de la boucle interne du support d'étude se ramène alors à celui de la figure I.6.

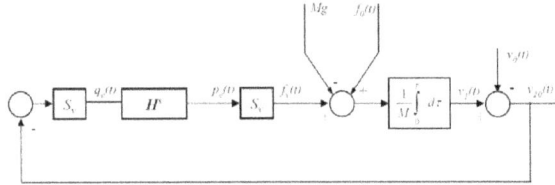

Figure I.6 - *Schéma fonctionnel de la boucle interne du support d'étude à partir d'une représentation du réseau hydropneumatique sous forme de fonctionnelle*

L'ensemble des blocs de la boucle ouverte se trouve en cascade, le bloc de suspension étant le seul élément non linéaire. La boucle ouverte peut alors se ramener à un unique bloc dont les noyaux de Volterra H_i^{BO} s'expriment, conformément à la loi * de l'algèbre de George (il n'est pas tenu compte de l'entrée f_0 dans cette illustration) :

$$H_1^{BO}(j\omega_1) = \left(\frac{c_{s1}}{j\omega_1} + R\right)\frac{S_v^2}{M\,j\omega_1}, \qquad (I.78)$$

$$H_2^{BO}(j\omega_1, j\omega_2) = \left(\frac{c_{s2}}{j\omega_1\,j\omega_2}\right)\frac{S_v^3}{M(j\omega_1 + j\omega_2)} \qquad (I.79)$$

et $\qquad H_3^{BO}(j\omega_1, j\omega_2, j\omega_3) = \left(\frac{c_{s3}}{j\omega_1\,j\omega_2\,j\omega_3}\right)\frac{S_v^4}{M(j\omega_1 + j\omega_2 + j\omega_3)}. \qquad (I.80)$

La nouvelle représentation fonctionnelle du support d'étude est donnée figure I.7.

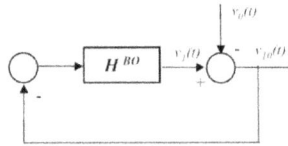

Figure I.7 - *Nouvelle représentation fonctionnelle issue de la représentation donnée figure I.6.*

Pour calculer les noyaux de la série de Volterra du système en boucle fermée, la boucle de commande de la figure I.7 est transformée en une boucle de commande équivalente représentée par le schéma de la figure I.8 dans lequel le système S est caractérisé par :

$$S : \underline{S}_1 + \underline{S}_2 + \underline{S}_3 + \underline{S}_4 + \dots . \qquad (I.81)$$

Concernant ce système S, on peut écrire en utilisant l'algèbre de George :

$$\underline{S} = \underline{I} - \underline{BO} * \underline{S}$$ (I.82)

ou encore :

$$
\begin{aligned}
\underline{S}_1 + \underline{S}_2 + \underline{S}_3 + \underline{S}_4 + \ldots = {} & \underline{I} - \underline{BO}_1 \circ \left(\underline{S}_1 + \underline{S}_2 + \underline{S}_3 + \underline{S}_4 + \cdots \right) \\
& - \underline{BO}_2 \circ \left(\underline{S}_1 + \underline{S}_2 + \underline{S}_3 + \underline{S}_4 + \cdots \right)^2 \\
& - \underline{BO}_3 \circ \left(\underline{S}_1 + \underline{S}_2 + \underline{S}_3 + \underline{S}_4 + \cdots \right)^3 \\
& - \underline{BO}_4 \circ \left(\underline{S}_1 + \underline{S}_2 + \underline{S}_3 + \underline{S}_4 + \cdots \right)^4 \\
& - \ldots
\end{aligned}
$$ (I.83)

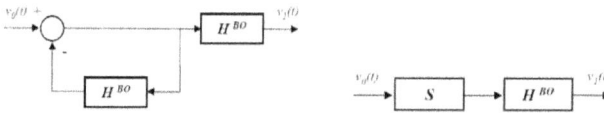

Figure I.8 - *Transformation de la boucle de commande*

En regroupant les termes d'ordre identique dans la relation (I.83), on a alors :

$$\underline{S}_1 = \underline{I} - \underline{BO}_1 \circ \underline{S}_1,$$ (I.84)

$$\underline{S}_2 = -\underline{BO}_1 \circ \underline{S}_2 - \underline{BO}_2 \circ \underline{S}_1^{\,2}$$ (I.85)

et

$$\underline{S}_3 = -\underline{BO}_1 \circ \underline{S}_3 - \underline{BO}_3 \circ \underline{S}_1^{\,3} - 2\underline{BO}_2 \circ \left(\underline{S}_1 \underline{S}_2 \right).$$ (I.86)

D'après les développements précédents, les transformées de Fourier des noyaux d'ordres 1, 2 et 3 du développement en série de Volterra du système S sont donc :

$$S_1(j\omega_1) = \frac{1}{1 + H_1^{BO}(j\omega_1)},$$ (I.87)

$$S_2(j\omega_1, j\omega_2) = \frac{-H_2^{BO}(j\omega_1, j\omega_2)}{\left(1 + H_1^{BO}(j\omega_1 + j\omega_2)\right)\left(1 + H_1^{BO}(j\omega_1)\right)\left(1 + H_1^{BO}(j\omega_2)\right)}$$ (I.88)

et

$$S_3(j\omega_1, j\omega_2, j\omega_3) = \frac{-H_3^{BO}(j\omega_1, j\omega_2, j\omega_3)S_1(j\omega_1)S_1(j\omega_2)S_1(j\omega_3) - 2H_2^{BO}(j\omega_1, j\omega_2 + j\omega_3)S_1(j\omega_1)S_2(j\omega_2, j\omega_3)}{1 + H_3^{BO}(j\omega_1, j\omega_2, j\omega_3)}$$

(I.89)

Finalement, étant donné que :

$$\underline{T} = \underline{BO} * \underline{S}$$ (I.90)

alors,

$$T_1(j\omega_1) = H_1^{BO}(j\omega_1)S_1(j\omega_1),$$ (I.91)

$$T_2(j\omega_1, j\omega_2) = H_1^{BO}(j\omega_1 + j\omega_2)S_2(j\omega_1, j\omega_2) + H_2^{BO}(j\omega_1, j\omega_2)S_1(j\omega_1)S_1(j\omega_2)$$ (I.92)

et

$$T_3(j\omega_1, j\omega_2, j\omega_3) = H_1^{BO}(j\omega_1 + j\omega_2 + j\omega_3)S_3(j\omega_1, j\omega_2, j\omega_2)$$
$$+ H_3^{BO}(j\omega_1, j\omega_2, j\omega_3)S_1(j\omega_1)S_1(j\omega_2)S_1(j\omega_3) \quad (I.93)$$
$$+ 2H_2^{BO}(j\omega_1, j\omega_2 + j\omega_3)S_1(j\omega_1)S_2(j\omega_2, j\omega_3)$$

En remplaçant les noyaux de Volterra S_1 et S_2 par leur expression, on obtient :

$$T_1(j\omega_1) = \frac{H_1^{BO}(j\omega_1)}{1 + H_1^{BO}(j\omega_1)} = \frac{\left(\dfrac{c_{s1} + Rj\omega_1}{j\omega_1}\right)\dfrac{S_v^{\,2}}{M j\omega_1}}{1 + \left(\dfrac{c_{s1} + Rj\omega_1}{j\omega_1}\right)\dfrac{S_v^{\,2}}{M j\omega_1}} = \frac{S_v^{\,2}(c_{s1} + Rj\omega_1)}{M(j\omega_1)^2 + S_v^{\,2}(c_{s1} + Rj\omega_1)}$$

$$(I.94)$$

et

$$T_2(j\omega_1, j\omega_2) = H_1^{BO}(j\omega_1 + j\omega_2)\frac{-H_2^{BO}(j\omega_1, j\omega_2)}{\left(1 + H_1^{BO}(j\omega_1 + j\omega_2)\right)\left(1 + H_1^{BO}(j\omega_1)\right)\left(1 + H_1^{BO}(j\omega_2)\right)}$$
$$+ H_2^{BO}(j\omega_1, j\omega_2)\frac{1}{1 + H_1^{BO}(j\omega_1)}\frac{1}{1 + H_1^{BO}(j\omega_2)}$$

$$(I.95)$$

L'expression de $T_3(j\omega_1, j\omega_2, j\omega_3)$, bien que plus volumineuse, s'obtient de façon analogue.

Remarque

Une méthode plus simple est proposée dans [George, 1959]. Elle consiste à remarquer qu'un système à boucle de retour du type de celui présenté figure I.9.a, est équivalent au système présenté figure I.9.b avec la relation

$$T = BO*(I - T). \quad (I.96)$$

Cette expression se développe selon les règles de l'algèbre de Georges

$$T_1 + T_2 + T_3 + ... = (BO_1 + BO_2 + BO_3)*(I - T_1 - T_2 - T_3 - ...) \quad (I.97)$$

soit,

$$T_1 + T_2 + T_3 + ... = BO_1 \circ (I - T_1 - T_2 - T_3 - ...)$$
$$+ BO_2 \circ (I - T_1 - T_2 - T_3 - ...)^2 \quad . \quad (I.98)$$
$$+ BO_3 \circ (I - T_1 - T_2 - T_3 - ...)^3$$

En regroupant les éléments de même ordre, on obtient directement :

$$T_1 = BO_1 * (I - T_1), \quad (I.99)$$

soit,

$$T_1 = (I + BO_1)^{-1} * BO_1, \quad (I.100)$$

de même,

$$T_2 = (I + BO_1)^{-1} * BO_2(I - T_1)^2, \quad (I.101)$$

$$T_3 = (I + BO_1)^{-1}\left[-2BO_2(I - T_1)(T_2) + BO_3(I - T_1)^3\right], \quad (I.102)$$

$$T_4 = \left(I + BO_1\right)^{-1}\left[-2BO_2\left(I - T_1\right)\left(T_3\right) + BO_2 T_2^{\,2} + BO_3\left(I - T_1\right)^2 T_2\right] \quad (I.103)$$

et ainsi de suite.

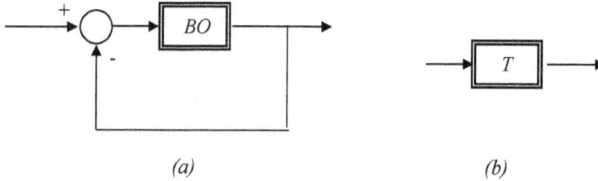

(a)   (b)

Figure I.9 - *Système non linéaire à retour unitaire et système non linéaire équivalent*

Cette seconde méthode est plus simple à mettre en œuvre et conduit aux mêmes résultats. Elle permet notamment d'écrire plus simplement

$$T_2(s_1, s_2) = \frac{H_2^{BO}(s_1, s_2)\left(I - T_1(s_1)\right)\left(I - T_1(s_2)\right)}{1 + H_1^{BO}(s_1 + s_2)} \quad (I.104)$$

et

$$T_3(s_1, s_2, s_3) = \frac{H_3^{BO}(s_1, s_2, s_3)\left(I - T_1(s_1)\right)\left(I - T_1(s_2)\right)\left(I - T_1(s_3)\right) - 2H_2^{BO}(s_1, s_2 + s_3)\left(I - T_1(s_1)\right)T_2(s_2, s_3)}{1 + H_1^{BO}(s_1 + s_2 + s_3)}$$

$$\quad (I.105)$$

I.3.3 - Détermination des noyaux de Volterra par identification

La méthode la plus usitée de détermination des noyaux de Volterra à partir d'un système réel consiste à identifier ceux-ci à partir de la réponse du système à des entrées bien choisies. Cette méthode a donné lieu à de nombreuses publications. Cette méthode n'étant pas utilisée par la suite, elle n'est citée ici que pour mémoire. Le lecteur intéressé se référera utilement à [Rugh, 1981], [Fliess, 1981], [Doyle *et al.*, 2002].

I.4 - Réalisation d'un noyau d'ordre *k*

Ce paragraphe présente une méthode qui permet la réalisation d'un noyau d'ordre *k*. Pour cela, on considère tout d'abord le système d'ordre 2 de la figure I.10, composé de trois sous systèmes linéaires de réponses impulsionnelles $h_a(t)$, $h_b(t)$ et $h_c(t)$.

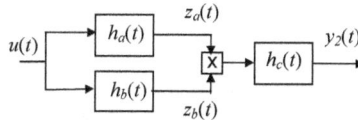

Figure I.10 - *Système d'ordre 2*

La réponse de ce système à une entrée $u(t)$ est donnée par :

$$y_2(t) = \int_0^\infty h_c(\sigma) \, z_a(t-\sigma) \, z_b(t-\sigma) \, d\sigma , \qquad (I.106)$$

ou encore,

$$y_2(t) = \int_0^\infty \int_0^\infty \int_0^\infty h_c(\sigma) \, h_a(\sigma_1) \, h_b(\sigma_2) \, u(t-\sigma-\sigma_1) \, u(t-\sigma-\sigma_2) \, d\sigma \, d\sigma_1 \, d\sigma_2 . \qquad (I.107)$$

En posant $\tau_1 = \sigma + \sigma_1$ et $\tau_2 = \sigma + \sigma_2$, la relation (I.107) devient,

$$y_2(t) = \int_0^\infty \int_0^\infty \int_0^\infty h_c(\sigma) \, h_a(\tau_1-\sigma) \, h_b(\tau_2-\sigma) \, u(t-\tau_1) \, u(t-\tau_2) \, d\sigma \, d\tau_1 \, d\tau_2 \qquad (I.108)$$

ou encore
$$y_2(t) = \int_0^\infty \int_0^\infty h_2(\tau_1,\tau_2) \, u(t-\tau_1) \, u(t-\tau_2) \, d\tau_1 \, d\tau_2 , \qquad (I.109)$$

en posant
$$h_2(\tau_1,\tau_2) = \int_0^\infty h_c(\sigma) \, h_a(\tau_1-\sigma) \, h_b(\tau_2-\sigma) \, d\sigma . \qquad (I.110)$$

Par définition, la transformée de Laplace du noyau d'ordre 2 est donnée par :

$$H_2(s_1,s_2) = \int_0^\infty \int_0^\infty h_2(\tau_1,\tau_2) \, e^{-s_1\tau_1-s_2\tau_2} \, d\tau_1 \, d\tau_2 , \qquad (I.111)$$

soit
$$H_2(s_1,s_2) = \int_0^\infty \int_0^\infty \int_0^\infty h_c(\sigma) \, h_a(\tau_1-\sigma) \, h_b(\tau_2-\sigma) \, e^{-s_1\tau_1-s_2\tau_2} \, d\sigma \, d\tau_1 \, d\tau_2 . \qquad (I.112)$$

En utilisant le changement de variable $\tau_1 - \sigma = \sigma_1$ et $\tau_2 - \sigma = \sigma_2$, la relation (I.112) peut encore s'écrire sous la forme :

$$H_2(s_1,s_2) = \int_0^\infty \int_0^\infty \int_0^\infty h_c(\sigma) \, h_a(\sigma_1) \, h_b(\sigma_2) \, e^{-s_1\sigma_1} \, e^{-s_2\sigma_2} \, e^{-(s_1+s_2)\sigma} \, d\sigma \, d\sigma_1 \, d\sigma_2 , \qquad (I.113)$$

ou encore
$$H_2(s_1,s_2) = H_a(s_1) \, H_b(s_2) \, H_c(s_1+s_2) . \qquad (I.114)$$

Ainsi, cette démonstration due à Schetzen [Schetzen, 1965.a] [Schetzen, 1965.b], révèle que si un système d'ordre 2 peut être caractérisé par une fonction de transfert analogue à celle de la relation (I.108), un tel système admet la réalisation de la figure i.10 dans laquelle $h_a(t)$, $h_b(t)$ et $h_c(t)$ correspondent aux réponses impulsionnelles de systèmes caractérisés par les transmittances $H_a(s)$, $H_b(s)$ et $H_c(s)$.

Ce type de synthèse peut se généraliser à des ordres supérieurs. Pour les ordres 3, 4 et 5, on cherchera une décomposition des fonctions de transfert $H_3(s_1, s_2, s_3)$, $H_4(s_1, s_2, s_3, s_4)$ et $H5(s_1, s_2, s_3, s_4, s_5)$ sous la forme :

$$H_3(s_1, s_2, s_3) = H_a(s_1)H_b(s_2)H_c(s_1 + s_2)H_d(s_3)H_e(s_1 + s_2 + s_3), \quad (I.115)$$

$$H_4(s_1, s_2, s_3, s_4) = H_a(s_1) H_b(s_2) H_c(s_1 + s_2) H_d(s_3) H_e(s_1 + s_2 + s_3) H_f(s_4)$$
$$H_g(s_1 + s_2 + s_3 + s_4) \quad (I.116)$$

et

$$H_5(s_1, s_2, s_3, s_4, s_5) = H_a(s_1) H_b(s_2) H_c(s_1 + s_2) H_d(s_3) H_e(s_1 + s_2 + s_3)$$
$$H_f(s_4) H_g(s_1 + s_2 + s_3 + s_4) H_h(s_5) H_i(s_1 + s_2 + s_3 + s_4 + s_5)$$

$$(I.117)$$

Les réalisations correspondantes sont alors respectivement données par les schémas (a), (b) et (c) de la figure I.11.

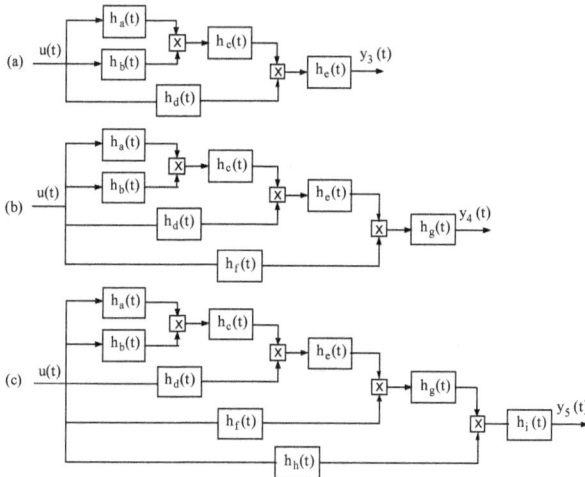

Figure I.11 - *Réalisation de systèmes d'ordre 3 (a), 4 (b) et 5 (c)*

Ces réalisations ne sont cependant pas les seules possibles. D'autres réalisations sont utilisables [Doyle *et al.*, 2002]. Elles sont connues dans la littérature sous le nom de réalisations d'Hammerstein ou réalisations de Wiener. Ces réalisations sont représentées par les figures I.12 et I.13. Elles ont, le mérite de faire apparaître un faible nombre de paramètres ce qui simplifie leur utilisation dans des problèmes d'identification. En revanche, cette parcimonie peut s'avérer contraignante pour caractériser certains phénomènes non linéaires.

$$z(t) = g(u(t)) = \sum_{i=0}^{N} \alpha_i [u(t)]^i$$

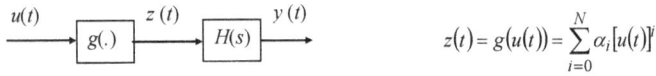

Figure I.12 - *Réalisation d'Hammerstein*

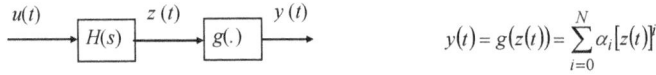

$$y(t) = g(z(t)) = \sum_{i=0}^{N} \alpha_i [z(t)]^i$$

Figure I.13 - *Réalisation de Wiener*

Partant de ces deux structures de base, des généralisations portant le nom de réalisations d'Uryson sont permises. Ces réalisations sont représentées par la figure I.14.

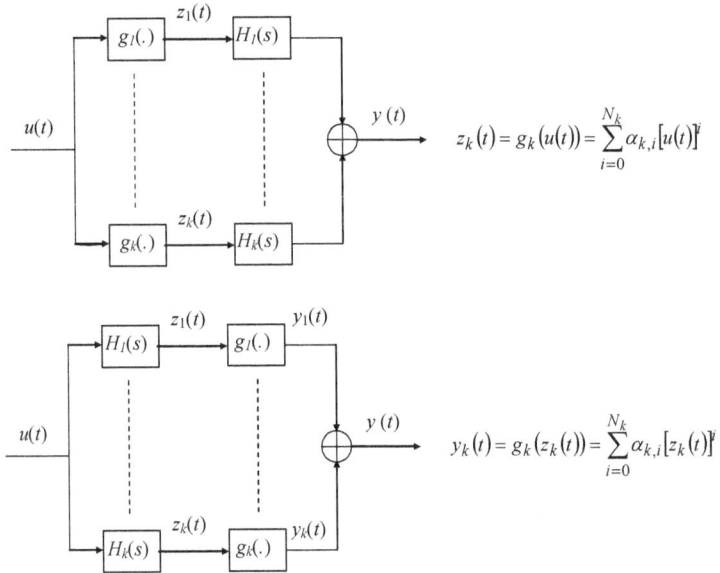

$$z_k(t) = g_k(u(t)) = \sum_{i=0}^{N_k} \alpha_{k,i} [u(t)]^i$$

$$y_k(t) = g_k(z_k(t)) = \sum_{i=0}^{N_k} \alpha_{k,i} [z_k(t)]^i$$

Figure I.14 - *Réalisations d'Uryson*

Illustration 1

Reprenons l'exemple d'illustration déjà traité dans les paragraphes précédents. Intéressons nous à la réalisation des noyaux de Volterra du support d'étude complet en vue de sa simulation.

La réalisation du noyau d'ordre 1 ne pose aucun problème, ce noyau étant une fonction de transfert classique.

L'expression du noyau d'ordre 2, obtenue par l'utilisation de l'algèbre de George,

$$T_2(s_1, s_2) = \frac{H_2^{BO}(s_1, s_2)(I - T_1(s_1))(I - T_1(s_2))}{1 + H_1^{BO}(s_1 + s_2)} \qquad (I.118)$$

ne permet pas, à première vue, d'obtenir une réalisation simple du noyau.

Pour arriver à cette réalisation, il importe de séparer les fonctions de s_1, s_2 et s_1+s_2. En effet, cette séparation permet de distinguer les différents niveaux pour la réalisation des noyaux.

Il est possible d'exprimer simplement le noyau d'ordre 2 de la boucle ouverte en fonction des variables s_1 et s_2 et de constantes :

$$H_2^{BO}(s_1, s_2) = \frac{1}{s_1} \frac{1}{s_2} \frac{S_v^{\;3} c_{s2}}{M(s_1 + s_2)}, \qquad (I.119)$$

Une réalisation possible de ce noyau d'ordre 2 (adapté à un logiciel de simulation tel que Matlab/Simulink) est proposée figure I.15.

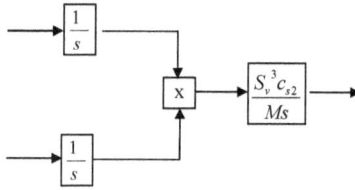

Figure I.15 - *Réalisation du noyau d'ordre 2 de la boucle ouverte adaptée à l'utilisation d'un logiciel de simulation*

En remarquant que

$$\frac{1}{1 + H_1^{BO}(s_1 + s_2)} = \frac{M(s_1 + s_2)^2}{M(s_1 + s_2)^2 + S_v^{\;2} R(s_1 + s_2) + S_v^{\;2} c_{s1}}, \qquad (I.120)$$

il est alors possible de proposer une réalisation du noyau d'ordre 2 du support d'étude sous la forme de la figure I.16.

u(t)

+

$T_1(s)$ -

x

+

$T_1(s)$ -

Figure I.16 - *Réalisation du noyau d'ordre 2 du support d'étude*

Les réalisations des noyaux d'ordre 3 et 4 à l'aide de Simulink sont présentées respectivement figures I.17 et I.18.

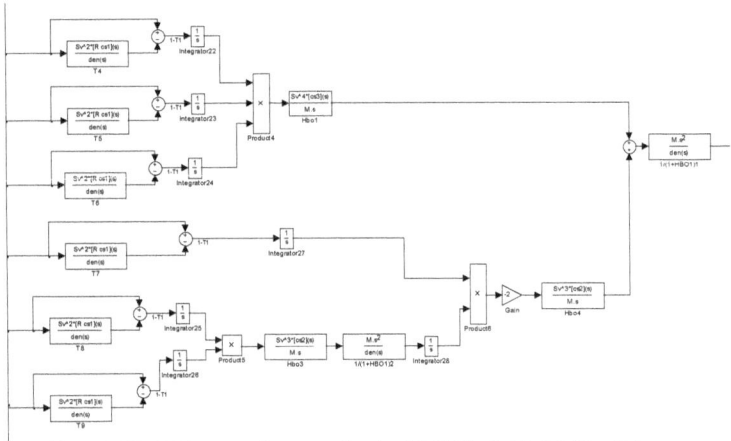

Figure I.17 - *Réalisation du noyau d'ordre 3 à l'aide de Matlab/Simulink*

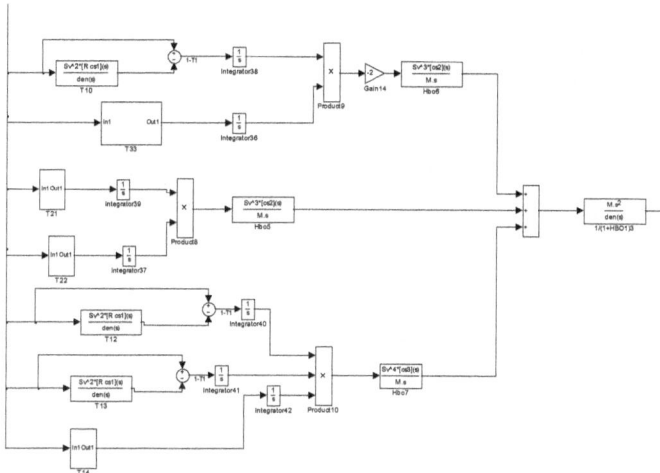

Figure I.18 - *Réalisation du noyau d'ordre 4 à l'aide de Matlab/Simulink*

Illustration 2

La deuxième solution pour la réalisation des noyaux en vue de la simulation consiste à utiliser la représentation matricielle du système et à la transcrire sous forme de représentation d'état. La figure I.19 illustre la réalisation d'un noyau d'ordre 3 par cette méthode.

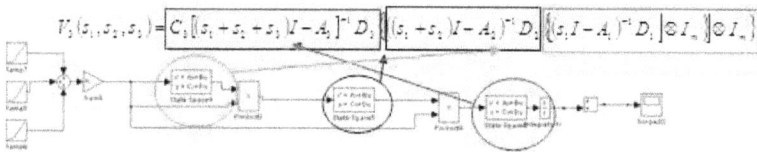

Figure I.19 - *Réalisation d'un noyau d'ordre 3 à partir d'une représentation d'état du système non linéaire*

I.5 - Application des décompositions en série de Volterra

Le premier intérêt de la décomposition en série de Volterra consiste à pouvoir déterminer les réponses temporelles de chacun des noyaux. Dans le cas de l'illustration des paragraphes précédents, les réponses indicielles du système linéarisé et du système non linéaire sont données figure I.20.

Les paramètres utilisés pour la simulation sont :
- une masse suspendue de 75 kg ;
- un vérin de section 3.14 cm^2 ;
- pression de tarage de l'accumulateur : 20 bars ;
- volume de l'accumulateur : 120 cm^3 ;
- coefficient de frottement visqueux équivalent de la résistance hydraulique : 400 Ns/m.

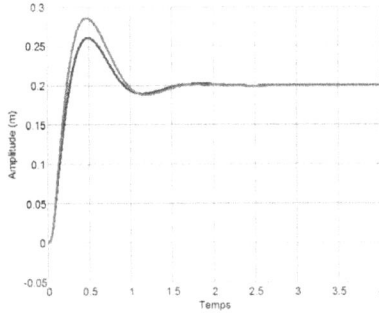

Figure I.20 - *Réponses indicielles du support d'étude dans le cadre de l'exemple d'illustration obtenues à l'aide d'un modèle linéaire (en bleu) et non-linéaire (en rouge)*

La figure I.21 présente les réponses indicielles de chacun des noyaux de Volterra ainsi que les réponses cumulées des noyaux d'ordre 1 à 4.

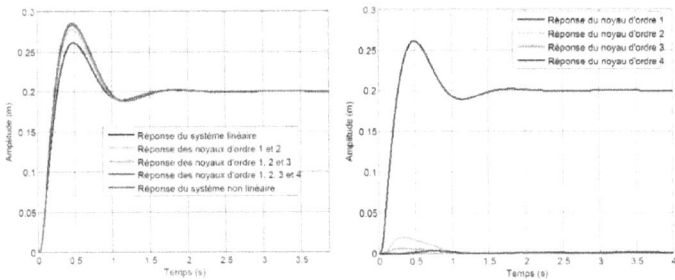

Figure I.21 - *Réponses indicielles du support d'étude : (a) contribution cumulée de des noyaux de Volterra d'ordre 1 à 4, (b) contribution de chacun des noyaux*

Par analogie avec les décompositions en série de Taylor, il est possible de remarquer que la contribution de chacun des noyaux est de plus en plus faible.

www.ingramcontent.com/pod-product-compliance
Lightning Source LLC
Chambersburg PA
CBHW021036210326
41598CB00016B/1040